Furaha Abwe

O Papel das Instituições de Microfinanças no Desenvolvimento Habitacional

Furaha Abwe

O Papel das Instituições de Microfinanças no Desenvolvimento Habitacional

O caso de Dar es Salaam

ScienciaScripts

Imprint

Any brand names and product names mentioned in this book are subject to trademark, brand or patent protection and are trademarks or registered trademarks of their respective holders. The use of brand names, product names, common names, trade names, product descriptions etc. even without a particular marking in this work is in no way to be construed to mean that such names may be regarded as unrestricted in respect of trademark and brand protection legislation and could thus be used by anyone.

Cover image: www.ingimage.com

This book is a translation from the original published under ISBN 978-620-2-19763-2.

Publisher:
Sciencia Scripts
is a trademark of
Dodo Books Indian Ocean Ltd. and OmniScriptum S.R.L publishing group

120 High Road, East Finchley, London, N2 9ED, United Kingdom
Str. Armeneasca 28/1, office 1, Chisinau MD-2012, Republic of Moldova, Europe
Printed at: see last page
ISBN: 978-620-8-04735-1

ÍNDICE DE CONTEÚDOS

DEDICAÇÃO

À memória amorosa de Albert Einstein pela sua fundação para a educação, ao meu falecido tio Mpela Nkala Aluta que faleceu quando eu estava a fazer os meus estudos de licenciatura na University College of Land and Architectural Studies --- uma faculdade constituinte da Universidade de Dar es Salaam (UDSM) e a todos aqueles que dedicam os seus recursos a pessoas marginalizadas e sem voz.

"A vida vivida para os outros, é uma vida que vale a pena"

Albert Einstein.

AGRADECIMENTOS

Escrever uma dissertação é um longo percurso que se tornou possível graças à ajuda de muitas pessoas a quem gostaria de manifestar o meu apreço. Em primeiro lugar, agradeço de todo o coração a Deus Todo-Poderoso. Sem a Sua graça e bênção, este trabalho não poderia ter sido realizado com êxito. Estou também em dívida para com o Ministério Federal do Desenvolvimento Económico e da Cooperação da Alemanha pelo seu apoio financeiro aos meus estudos de licenciatura e de pós-graduação na Universidade de Dar es Salaam e na Universidade de Ardhi, respetivamente. O seu patrocínio foi a principal ponte para que o meu sonho de infância se tornasse realidade. "*Um amigo em necessidade é um amigo de facto*". Além disso, exprimo sinceramente a minha gratidão aos meus supervisores, Dr. Alphonce Kyessi e Dr. Aldo Lupala, pela sua orientação, críticas construtivas e numerosas discussões frutuosas. Gostaria também de estender os meus sinceros agradecimentos ao Prof. Kombe, ao Prof. Mwageni, à Dra. Jenny Cadstedt e a todos os membros do pessoal académico da Escola de Planeamento Urbano e Regional pela sua orientação e comentários iniciais sobre a minha proposta de dissertação, que me ajudaram a chegar até aqui.

A minha mais sincera gratidão a todos os membros do pessoal dos dois estudos de caso pela sua franca cooperação; gostaria de os poder mencionar a todos. O meu apreço vai para o Sr. Scott Metzel e o Sr. Boaz Ackimu, respetivamente, Diretor Nacional e Gestor de Programas do HFHT. Agradeço também a Mama Thabita Siwale, Diretora Executiva do WAT-HST e à Sra. Paulina Shayo, Gestora do WAT-SACCOS, ao Sr. Wanjala e a todo o pessoal sénior e júnior que me ajudou a aceder aos dados durante o meu trabalho de campo. Além disso, a minha gratidão excecional vai para a minha noiva, Rehema Masimango, pelo seu apoio espiritual e moral durante os tempos difíceis da redação desta dissertação. Agradeço ainda aos meus colegas de turma, amigos próximos e familiares pelo seu encorajamento, sem esquecer os meus colegas de casa, Ally, Wilongela e Chakubuta, pela sua paciência e apoio. Muito obrigado a Muller Shabani, Lambert Shessa e ao Sr. e Sra. Victor e Lori E. Selemani da JOC em Moçambique pelo seu apoio espiritual e material.

Devo agradecer a todos os que me apoiaram através de orações ou de qualquer outra forma.

RESUMO

Nas últimas duas décadas, várias instituições de microfinanciamento, organizações não-governamentais de proteção e organizações comunitárias têm vindo a apresentar abordagens inovadoras e bem sucedidas aos problemas da habitação, como resposta às necessidades de habitação não satisfeitas das pessoas com rendimentos baixos e médios. As instituições de microfinanciamento para a habitação são consideradas como um veículo potencial através do qual as pessoas com rendimentos baixos/médios podem aceder a uma habitação condigna, uma vez que concedem pequenos empréstimos que se adequam à sua construção progressiva. Estas instituições tendem a chegar muito mais longe na escala dos baixos rendimentos do que o financiamento hipotecário. A investigação teve como objetivo explorar o papel das IFHM na facilitação do desenvolvimento habitacional das pessoas com baixos rendimentos na Tanzânia. O estudo adoptou uma estratégia de casos múltiplos e utilizou como métodos de recolha de dados a análise documental, o guia de entrevista, a entrevista a informadores-chave, a observação, a fotografia e a cartografia. Os resultados revelaram que as instituições de microfinanciamento da habitação desempenham um papel catalisador na promoção da habitação para as pessoas com rendimentos baixos e/ou médios. Foi também demonstrado que as instituições de microfinanciamento no sector da habitação desempenham um papel potencial no alívio da pobreza habitacional para o desenvolvimento de habitações de rendimento baixo/médio. Os resultados provaram que as instituições de microfinanciamento à habitação são capazes de mobilizar recursos financeiros para a construção de habitações de baixo rendimento e desempenham um papel de liderança na promoção do desenvolvimento económico dos beneficiários dos empréstimos. Verificou-se que as IFMH assumem um papel proactivo na melhoria do bem-estar social das pessoas com rendimentos baixos/médios. Por último, o papel técnico desempenhado pelas IFHM foi considerado fundamental para garantir o controlo de qualidade e uma gestão adequada da construção. São feitas as seguintes recomendações: formação de uma rede de IFHM, uma casa deve ser considerada como um bem de redução da pobreza, devem ser fornecidos serviços de apoio à habitação, o desenvolvimento incremental da habitação deve ser considerado nas leis de planeamento urbano, as pessoas economicamente inactivas devem ser capacitadas, deve ser promovida a utilização das TIC nas actividades de microfinanciamento da habitação, As IFHM devem ser utilizadas como intermediárias, os direitos à habitação devem ser defendidos como outros direitos humanos, as ideias inovadoras sobre o financiamento da habitação para os pobres devem ser orientadas para a ação, deve ser criado um centro de investigação sobre microfinanciamento da habitação e, por último, devem ser criadas parcerias públicas e privadas para alargar os serviços de financiamento da habitação a mais pessoas com baixos rendimentos.

LISTA DE ACRÓNIMOS

CBOs	Community-Based Organisations
CRDB	Cooperative Rural Development Bank
DAG	Development Action Group
FDST	Financial Deepening Sector Trust
FUPROVI	The Foundation for Housing Promotion
GIS	Geographical Information System
GPS	Geographical Position System
HFHT	Habitat For Humanity Tanzania
HFHI	Habitat For Humanity International
HMFIs	Housing Microfinance Institutions
ICT	Information and Communications Technology
MFIs	Microfinance Institutions
NBC	National Bank of Commerce
NMB	National Microfinance Bank
NBBF	Norwegian Federation of Cooperative Housing Association
NGOS	Non-Governmental Organizations
UCLAS	University College of Lands and Architectural Studies
UN-HABITAT	United Nations Human Settlements Programme
URT	United Republic of Tanzania
UPM	Urban Planning and Management
SACCOS	Savings and Credit Cooperative Society
TShs	Tanzania Shillings
TAMFI	Tanzania Association of Microfinance Institutions
WAT	Women Advancement Trust
WAT-HST	WAT-Human Settlements Trust
WAT-SACCOS	WAT-Savings and Credit Cooperative Society

CAPÍTULO 1

INTRODUÇÃO E PROBLEMA DE INVESTIGAÇÃO

1.1. Antecedentes da questão de investigação

Mais de metade da população humana mundial, cerca de 3,3 mil milhões de pessoas, vive atualmente em aglomerados urbanos. Prevê-se que atinja quase 5 mil milhões no ano 2030 (UNFPA, 2007). Se não forem investidos recursos financeiros adequados, para além de outros factores fundamentais, no desenvolvimento da habitação urbana e dos serviços necessários, a população adicional pode ficar presa em condições de habitação deploráveis, na pobreza urbana, na saúde precária e na baixa produtividade, agravando ainda mais o enorme desafio existente de alojar os pobres (*ibid*). Estima-se que serão necessários 877 milhões de unidades habitacionais para acomodar o aumento da população mundial. Até 2030, as vilas e cidades dos países em desenvolvimento terão grande necessidade de habitação urbana, uma vez que representarão 80% dos habitantes das cidades do mundo (UN-Habitat, 2005; Miltin, 2007).

O financiamento da habitação para as pessoas com baixos rendimentos tem recebido muito pouca atenção ao longo dos anos. A maior parte das hipotecas convencionais e das iniciativas de programas de financiamento à habitação empreendidas pelos governos e pelas instituições bancárias e financeiras acabam frequentemente por beneficiar o segmento de rendimento alto e médio. Os procedimentos administrativos, os requisitos de empréstimo e a dimensão dos empréstimos estabelecidos pelas grandes instituições bancárias excluem o escalão de baixos rendimentos devido aos seus níveis de acessibilidade e às suas caraterísticas, que são consideradas de risco e incompatíveis com o sistema bancário formal. Em resposta a esta exclusão, surgiram várias instituições de microfinanças (IMF), organizações não governamentais (ONG) de abrigo e organizações de base comunitária (OBC) com abordagens inovadoras e bem-sucedidas aos problemas da habitação, como resposta às necessidades de habitação não satisfeitas do segmento baixo (Lugalla, 1995; Shelter Forum, 2000; Vuyisani, 2001; Tomlinson, 2007; Kyessi e Germain, 2009).

Tomlinson (2007) argumenta que a experiência na Ásia, na América Latina e na África Subsaariana mostra que a maioria dos pobres urbanos só pode dar-se ao luxo de se alojar gradualmente, o que significa erguer uma parede de cada vez. Isto significa que as várias fases de construção podem ser efectuadas ao longo de muitos anos, à medida que os recursos financeiros vão ficando disponíveis. Por exemplo, a aquisição de terrenos, a instalação e a construção de serviços de infra-estruturas e a melhoria dos abrigos ocorrerão ao longo do tempo. Assim sendo, os empréstimos de curto prazo e de pequena escala são mais adequados para os mutuários do que os empréstimos de longo prazo ou de grande valor (*ibid*). No entanto, questões como quem são os beneficiários visados? Que tipos de produtos de crédito à habitação são oferecidos? Ainda requerem algumas investigações.

A UN-Habitat, (2005) afirma que as instituições de microfinanciamento da habitação (IHM) são um veículo potencial através do qual os pobres podem aceder a uma habitação condigna, uma vez que concedem pequenos empréstimos que se adequam à sua construção gradual ou progressiva. Tendem a atingir o escalão de baixo rendimento em vez do financiamento hipotecário, mas não os agregados familiares próximos ou abaixo do limiar de pobreza. O crescimento das agências de microfinanciamento desde a sua criação, na década de 1980, tem sido considerável e existem atualmente muitas organizações deste tipo em todo o mundo. Para exemplificar a situação, na Índia, estima-se que o número de organizações de base empenhadas na mobilização de poupanças e na prestação de serviços de microempréstimos aos pobres se situe entre 400 e 500 organizações (UN-Habitat 2005). Em Bombaim, por exemplo, no final da década de 1990, havia 18 ONG que se ocupavam de questões amplamente relacionadas com a habitação e o financiamento comunitário; quatro delas eram especializadas em empréstimos à habitação para os pobres urbanos (*ibid*).

As IFHM referem-se a organizações que prestam serviços financeiros e/ou assistência técnica a pessoas com baixos rendimentos para a melhoria ou construção de habitações, aquisição de terrenos, instalação de infra-estruturas e serviços básicos (UN-Habitat, 2005; Tomlinson, 2007). O microfinanciamento para a habitação refere-se a pequenos empréstimos concedidos a agregados familiares com rendimentos baixos e médios, normalmente para a melhoria e ampliação da habitação em regime de autoajuda, mas também para a construção de novas unidades básicas. Envolvem empréstimos de curto prazo a taxas não subsidiadas em relação ao financiamento hipotecário tradicional (Ferguson, 2000; Kyessi e Germain, 2009). A forma como as IFHM estão organizadas requer ainda algum conhecimento adicional para uma melhor compreensão.

Atualmente, verifica-se que o sector do microfinanciamento tem demonstrado um interesse considerável no crédito à habitação. Na América Latina e nos países hispânicos das Caraíbas, foram criadas importantes agências de microfinanciamento à habitação. Um estudo realizado nesses países, financiado pela Sociedade Financeira Internacional, revelou que 141 instituições estavam a financiar habitações para os pobres. Entre os países com bons resultados neste domínio contam-se a Bolívia, o Equador, o Peru, a República Dominicana, as Honduras e a Guatemala. Um outro estudo efectuado pela mesma instituição, que se centrou apenas na América Latina, identificou 57 agências de microfinanciamento que se ocupam das necessidades de habitação das populações urbanas pobres (Serageldin, *et al,* 2000). Nalguns países, o financiamento da habitação oferecido pelas IMF, uma solução privada, oferece a promessa de chegar a mais pessoas de forma sustentável (Cities Alliances, 2007).

As IFM para a habitação surgiram numa altura em que são necessários muitos esforços para mobilizar recursos suficientes para cumprir a Agenda Habitat e enfrentar um dos principais desafios na consecução do Objetivo de Desenvolvimento do Milénio relativo aos bairros de lata, mobilizando os recursos financeiros necessários para, entre outras coisas, prevenir os bairros de lata, fornecendo novas casas a preços acessíveis aos grupos de menores rendimentos em grande escala. Segundo consta, mais de 40 países da Ásia, África, Médio Oriente e América Latina conheceram o aparecimento de IFM para a habitação. Os seus empréstimos ajudam a resolver os problemas de correspondência entre os passivos a muito curto prazo e os activos hipotecários a longo prazo, bem como de um mercado altamente limitado causado pelos custos elevados e pelo financiamento hipotecário inadequado para a maioria das pessoas com rendimentos baixos e médios (UN-Habitat 2005).

Sheuya (2007) observa que em muitas cidades e vilas do terceiro mundo surgiram vários doadores e ONG que tentam resolver o problema da falta de habitação para as pessoas com baixos rendimentos através da criação de IMF de habitação. Estas instituições são vistas como uma estratégia alternativa para a aquisição de casa própria e a melhoria da habitação para os pobres nos países em desenvolvimento. Uma vez que a habitação é uma necessidade humana básica, as pessoas com baixos rendimentos consideram que a melhoria das suas condições de habitação é a sua segunda maior prioridade, a seguir às oportunidades de rendimento, mesmo antes de melhores cuidados de saúde e educação. O microfinanciamento para a habitação tem sido uma oportunidade que tem sido aproveitada para satisfazer as necessidades de habitação do grupo de baixos rendimentos como uma das suas necessidades humanas básicas, indo assim ao encontro *da Agenda Habitat* e do Objetivo de Desenvolvimento do Milénio, entre outros, fornecendo novas habitações à maioria dos pobres. No entanto, é ainda necessário examinar as fontes de financiamento das IFHM (UN-Habitat 2005; Malthotra, 2003; Kyessi e Germain, 2009; Kihato, 2009).

A UN-Habitat (2005) argumenta que o microfinanciamento para a habitação é essencial para atingir as pessoas com rendimentos baixos e médios. De acordo com as práticas de empréstimo convencionais, estes grupos não conseguem aceder ao crédito à habitação, uma vez que os credores os consideram de alto risco devido a uma série de problemas que incluem a falta de um fluxo verificável ou regular de rendimentos e de garantias aceitáveis, custos de transação elevados em relação à pequena dimensão dos empréstimos de que necessitam e, finalmente, a convicção de que os pobres não reembolsarão os seus empréstimos (UN-Habitat 2002). O nicho das IFHM é o facto de conceberem planos de reembolso que são viáveis, compatíveis e acessíveis às pessoas com baixos rendimentos. Agora, se os empréstimos desembolsados alteram as condições de habitação ou a situação financeira das pessoas com baixos rendimentos ainda está por investigar.

Ao contrário do financiamento hipotecário, os sistemas de microfinanciamento estão mais implantados na África Subsariana, devido à falta de acesso ao financiamento por parte da maioria do segmento de baixos rendimentos (UN-Habitat, 2005). No entanto, o microfinanciamento para a habitação é um domínio de intervenção relativamente novo e emergente na provisão de habitação. Tem-se registado um crescimento considerável das IMF desde a sua criação no final da década de 1980 e a forma como têm contribuído para o desenvolvimento da habitação. Além disso, o microfinanciamento da habitação foi reconhecido como um potencial significativo de crescimento do mercado na África Subsariana (*ibid*).

Nnkya (2007) observa que as pessoas com baixos rendimentos têm a capacidade de financiar o desenvolvimento da sua habitação, embora de forma progressiva. No entanto, a sua capacidade baseia-se principalmente em fontes informais cujo rendimento é maioritariamente irregular. O autor recomenda ainda que a capacidade demonstrada tem de ser complementada e melhorada para que a habitação não seja feita à custa de outras necessidades sociais básicas. É aqui que entram as IFHM para permitir que as pessoas com baixos rendimentos tenham acesso à habitação. No entanto, o papel desempenhado por estas instituições no processo de desenvolvimento da habitação e a extensão do apoio dado aos promotores de habitação para baixos rendimentos estimularam esta investigação.

1.2. A questão da investigação

Apesar de as IFM terem demonstrado um grande potencial para facilitar o desenvolvimento da habitação, pouco se sabe sobre o seu papel e sobre a medida em que permitiram que a classe de baixos rendimentos tivesse acesso a uma habitação condigna.

1.3. Objectivos da investigação

1.3.1. Objetivo geral

O objetivo geral do estudo é explorar o papel das IFM na facilitação do desenvolvimento da habitação para as pessoas com baixos rendimentos na Tanzânia.

1.3.2. Objectivos específicos

Os objectivos específicos do estudo são os seguintes

i) Documentar as IFM que se dedicam ao microfinanciamento da habitação

ii) Avaliar a capacidade das instituições de microfinanciamento no sector da habitação

iii) Determinar a extensão dos serviços de apoio à habitação oferecidos aos cidadãos com baixos rendimentos

criadores

iv) Recomendar as implicações das conclusões relativas às políticas existentes para o desenvolvimento da habitação na Tanzânia.

1.4. Questões de investigação

i) Quem está a lidar com o microfinanciamento da habitação?

ii) Qual é a capacidade das instituições de microfinanciamento da habitação?

iii) Como são oferecidos os serviços de apoio à habitação pelas instituições de microfinanciamento da habitação?

iv) Qual é a contribuição dos resultados para as actuais políticas de financiamento do desenvolvimento da habitação?

1.5. Importância do estudo

Este estudo tenta procurar conhecimentos que sejam relevantes para resolver os problemas persistentes de habitação das pessoas com baixos rendimentos na Tanzânia e noutros países do terceiro mundo, pois ainda há muito a fazer para resolver as necessidades de habitação das pessoas com baixos rendimentos e obter soluções científicas e sustentáveis para os seus problemas crónicos de habitação. Assim, o estudo é de extrema importância para os actores do sector da habitação, os urbanistas, os decisores, os bancos, as grandes instituições financeiras, as IMF e os doadores com algum interesse no desenvolvimento da habitação para as pessoas com baixos rendimentos. Aumentará o conhecimento sobre microfinanciamento para o desenvolvimento da habitação. Será também uma fonte de conhecimento para o público em geral e para todos os principais interessados em abordar as questões do desenvolvimento da habitação.

1.6. A estrutura do relatório

O relatório de investigação está organizado em oito capítulos. O Capítulo 1 apresenta o estudo e fornece informações de base sobre a questão de investigação. Destaca o objetivo e discute os fundamentos do estudo. O Capítulo 2 analisa a literatura relevante e retira ensinamentos de IFM experientes de outros países do terceiro mundo. O Capítulo 3 centra-se no enquadramento teórico e concetual da investigação. Passa em revista teorias e conceitos importantes que orientam as IFM e termina com a concetualização das IFM para a habitação. O Capítulo 4 apresenta uma panorâmica da metodologia utilizada e dos métodos de investigação empregues no estudo e no processo de investigação. O Capítulo 5 define o cenário da investigação, uma vez que contém os resultados do primeiro estudo de caso selecionado, Habitat for Humanity Tanzania (HFHT), seguido do Capítulo 6, que apresenta os resultados do WAT-SACCCOS Housing Microfinance, o segundo estudo de caso selecionado. O Capítulo 7 apresenta uma análise cruzada e uma síntese dos dois estudos de caso, enquanto o Capítulo 8 termina com as conclusões do estudo e encerra com implicações e recomendações políticas.

CAPÍTULO 2

PANORÂMICA DA SITUAÇÃO DAS INSTITUIÇÕES DE MICROFINANCIAMENTO NO SECTOR DA HABITAÇÃO

2. 1 Introdução

Em 2007, mais de 100 milhões das famílias mais pobres do mundo receberam pequenos empréstimos de milhares de IFM. Este feito terá tocado a vida de cerca de meio bilião de membros de famílias em todo o mundo (Daley-Harris, 2009). As IMF revolucionaram o acesso de milhões de microempresários a empréstimos comerciais e abordagens inovadoras semelhantes estão atualmente em vias de revolucionar o financiamento da habitação para as pessoas com baixos rendimentos. Verificou-se que o financiamento tradicional da habitação não ofereceu produtos adaptados às pessoas com baixos rendimentos, mas os novos fornecedores estão a desenvolver abordagens criativas para o problema. Uma série de instituições financeiras está a aplicar atualmente boas práticas de microfinanciamento e a prestar com êxito os tão necessários serviços a este segmento esquecido. Estes programas de microfinanciamento da habitação, geridos por instituições de microfinanciamento, surgiram para responder às necessidades de habitação das pessoas com rendimentos baixos e médios e para preencher a lacuna não coberta pelas instituições financeiras tradicionais e mais formais (Serageldin, *et al.*, 2000; Brusky, 2004).

O Microfinanciamento da Habitação é referido como os pequenos empréstimos oferecidos a pessoas com baixos rendimentos para a renovação ou ampliação de habitações existentes, a construção de novas habitações, a aquisição de terrenos e a instalação de infra-estruturas e serviços básicos; enquanto as IMF para a Habitação são as organizações que prestam esses serviços e/ou assistência técnica a pessoas com baixos rendimentos para os produtos de habitação acima referidos (UN-Habitat, 2005; Tomlinson, 2007).

Reyes (2007) salienta que o microfinanciamento da habitação surgiu nos últimos anos como uma área de prática distinta que intersecta o financiamento da habitação e o microfinanciamento. As IFHM situam-se entre o crédito hipotecário tradicional e o microfinanciamento para pequenas empresas em termos de montante de empréstimos oferecidos. Têm sido vistas como preenchendo um grande vazio devido às limitações do financiamento hipotecário tradicional e aproveitando as lições do financiamento das microempresas. Oferecem a promessa de um financiamento sustentável e não alavancado para os pobres de formas que não eram possíveis nem há uma década atrás.

Tem-se verificado que o sector do microfinanciamento tem demonstrado um interesse considerável no crédito à habitação, sobretudo nos países em desenvolvimento. A UN-Habitat refere que, desde a sua criação na década de 1980, o crescimento das IMF tem sido considerável e existem atualmente muitas organizações deste tipo em todo o mundo. Nalguns países, o financiamento da habitação oferecido pelas IDMF promete chegar a mais pessoas com baixos rendimentos de uma forma sustentável. Embora noutros países, como a Tanzânia, o microfinanciamento da habitação esteja a dar os primeiros passos, é uma prática altamente promissora que começou a espalhar-se pelos países em desenvolvimento (Ferguson, 2000; UN-Habitat, 2005; Cities Alliances, 2007; Germain, 2008; Kyessi e Germain, 2009). Foram efectuados vários estudos em todo o mundo, que demonstram o potencial das HMIFs. A secção seguinte apresenta uma análise da experiência das IFM para o desenvolvimento da habitação em vários países em desenvolvimento, incluindo a Tanzânia. O enfoque foi colocado em países da América Central, da Ásia e da África Subsariana.

2. 2. Exemplos de IFM de países em desenvolvimento

2.1.1. MIBANCO/MICASA no Peru, América Central

Aspectos institucionais

Em meados de 2000, o Mibanco, a segunda maior instituição de microfinanças regulamentada da América Latina, lançou o Micasa, que significa minha casa, como seu produto habitacional, fazendo pequenos ajustes em sua metodologia de empréstimos a microempresas. O Mibanco desenvolveu uma metodologia de empréstimo eficiente e bem-sucedida e uma organização centrada no cliente ao longo de várias décadas de aprendizagem pela prática. Além disso, a Micasa está de facto a chegar a um conjunto de clientes mais pobres com os seus empréstimos à habitação do que o Mibanco com os seus empréstimos a microempresas. Ao contrário do financiamento tradicional da habitação, a Micasa é uma adaptação da metodologia bem sucedida de empréstimos a microempresas do Mibanco, que fornece o financiamento necessário para complementar o processo progressivo de construção de habitação dos pobres (Serageldin, *et al,* 2000).

A Micasa registou um crescimento rápido e rentável e, uma vez que o seu produto foi desenvolvido e lançado no âmbito da infraestrutura existente de agências e empréstimos do Mibanco, não foi necessário criar novos escritórios ou contratar novos funcionários para a concessão de empréstimos. O Micasa também é interessante porque não exige que os mutuários tenham qualquer assistência específica na conceção ou supervisão das suas construções. Até à data, os resultados anedóticos sugerem que a qualidade das construções financiadas é, no mínimo, aceitável. A experiência emergente da Micasa no financiamento à habitação indica que a adaptação das técnicas de microempresa ao crédito à habitação pode ser menos difícil do que se imaginava.

A Micasa apoia as estratégias de habitação existentes dos agregados familiares de baixos rendimentos - construindo e melhorando as suas casas em fases progressivas, normalmente conhecidas como construção incremental. Os empréstimos da Micasa financiam investimentos contínuos em projectos de modernização e melhoramento, tais como a conversão de paredes de madeira em tijolo, a substituição de telhados de zinco ou de pisos de terra batida por cimento, ou a adição de mais divisões, uma de cada vez. Em termos de garantias de empréstimos, o Mibanco inspirou-se nas suas práticas de empréstimos a microempresas, garantindo a maioria dos seus clientes (Serageldin, *et al,* 2000).

Microfinanciamento da habitação Aspectos de gestão

Desde o seu lançamento inicial, o Micasa registou um crescimento muito rápido e alcançou resultados impressionantes em termos de escala, atingindo quase 3.000 clientes activos e 2,6 milhões de dólares em carteira pendente em apenas 12 meses, tendo crescido para representar quase 6% da carteira total do Mibanco. Atualmente, o programa conta com 70.000 mutuários activos. Existem dois mercados-alvo para os empréstimos do Micasa: o primeiro é a tradicional base de clientes do Mibanco, constituída por microempresários, e o segundo são os trabalhadores assalariados com baixos rendimentos que vivem nas mesmas comunidades. No entanto, ao acrescentar os trabalhadores com baixos rendimentos ao seu mercado-alvo, o Mibanco acabou por servir agregados familiares mais pobres. Embora muitos agentes de crédito tenham inicialmente rejeitado a ideia, considerando-os clientes "demasiado arriscados", este grupo representa atualmente um terço dos empréstimos da Micasa. É de salientar que metade dos clientes da Micasa são mulheres e 80% têm entre 25 e 55 anos de idade.

Os empréstimos à habitação da Micasa são maiores, têm prazos mais longos e taxas de juro mais baixas. É de notar que, por vezes, os empréstimos à habitação geram rendimentos adicionais para o mutuário, sob a forma de rendimentos de aluguer adicionais ou de expansão de uma microempresa baseada em casa. Embora os limites de prazo dos empréstimos da Micasa (36 meses) sejam mais amplos do que os empréstimos para microempresas (24 meses), os clientes não aceitam automaticamente o prazo máximo, pois 63% dos clientes actuais da Micasa optam por empréstimos com um prazo de 6 a 12 meses. Os montantes dos empréstimos têm de ser superiores a $200 e não mais de 90% do custo do projeto a financiar; o montante médio dos empréstimos da Micasa é de $1.000.

A avaliação e o desembolso dos empréstimos da Micasa são essencialmente idênticos aos dos empréstimos tradicionais do Mibanco para microempresas. Os pedidos de empréstimo para novos clientes demoram normalmente três dias, desde o momento em que o pedido é apresentado até ao momento em que o empréstimo é desembolsado. O Mibanco consegue tempos de processamento tão rápidos descentralizando ao máximo a decisão de aprovação do empréstimo, dando aos seus funcionários de empréstimo, que normalmente gerem mais de 300 clientes de cada vez, muita discrição. Um cliente potencial médio necessita de 50 a 80 minutos para concluir todo o processo de candidatura.

Aspectos dos serviços de apoio à habitação

A Micasa não fornece aos seus mutuários qualquer assistência técnica no planeamento, supervisão ou implementação dos seus projectos de construção, embora exija que os clientes apresentem orçamentos de construção como parte dos seus pedidos de empréstimo. Isto ajuda a organização a avaliar e comparar os orçamentos estimados com os projectos de construção propostos.

2.1.2. Fundação para a Promoção da Habitação na Costa Rica, América Central

Aspectos institucionais

A Fundação para a Promoção da Habitação (FUPROVI) é uma organização de desenvolvimento privada, sem fins lucrativos, que apoia e promove a produção social do Habitat. A missão da Fundação é contribuir para a melhoria da qualidade de vida das famílias de baixos rendimentos na sua relação com as necessidades de habitação e desenvolvimento comunitário. Desde a sua fundação em 1987, tem apoiado as famílias com baixos rendimentos nos seus esforços para melhorar as suas condições de vida, a fim de alcançar uma sociedade mais equitativa e democrática. Geriu e desenvolveu projectos de habitação e de desenvolvimento comunitário para grupos desfavorecidos.

A metodologia da FUPROVI baseia-se na organização e participação da população-alvo na conceção e execução dos projectos. A confiança e as práticas eficazes permitiram às famílias da Costa Rica reduzir o tempo de construção de um ou dois anos para cinco meses, como se faz atualmente. A transferência de novas competências e a capacitação das famílias com baixos rendimentos na identificação e resolução dos seus problemas habitacionais e comunitários é o seu principal objetivo. Isto ajudará as famílias com baixos rendimentos a enfrentar os desafios do futuro (http://www.fuprovi.org/english/historia.htm).

Aspectos de apoio técnico

Os programas de capacitação e fortalecimento institucional visam sistematizar a experiência da FUPROVI, em seus diversos programas e em seu modelo administrativo-financeiro. As atividades de capacitação são voltadas para as comunidades, bem como para as organizações governamentais e não-governamentais, nacionais e internacionais. Desde 1987, os diversos programas da FUPROVI beneficiaram mais de 6.000 famílias de baixa renda em mais de 40 assentamentos localizados em diferentes cidades da Costa Rica. Também ofereceu assessoria técnica e formação a instituições da Costa Rica e da América Central em projectos de habitação de autoajuda baseados na sua metodologia e experiência.

2.1.3. Grameen Bank no Bangladesh, Ásia

Aspectos institucionais

Muhammad Yunus criou o Grameen Bank em 1976 como um banco rural destinado a fornecer crédito e ajuda organizacional às mulheres pobres, utilizando a responsabilidade do grupo em vez dos requisitos normais de garantia. Antes da criação do programa de empréstimos à habitação do Banco Grameen, o Banco do Bangladesh tinha feito apenas uma tentativa de conceder empréstimos à habitação aos pobres. O programa não conseguiu chegar aos mais pobres dos pobres, principalmente devido à sua falta de garantias. Em 1984, o Grameen Bank introduziu o crédito à habitação em resposta às necessidades dos pobres em matéria de habitação, que não tinham sido efetivamente satisfeitas pelo Governo através do Banco do Bangladesh.

O objetivo do programa era disponibilizar fundos aos membros em situação regular para a construção de novas casas ou a reabilitação das antigas. O Banco concedeu 317 empréstimos à habitação no seu primeiro ano e, em maio de 1999, tinha concedido cerca de 506 680 empréstimos à habitação. O desempenho dos produtos do Grameen foi elogiado como sendo um dos principais bancos do mundo. O banco oferece cinco tipos de crédito à habitação, nomeadamente: Habitação, Habitação Básica, Habitação Pré-Básica, Aquisição de Herdade e Reparação de Casas (Serageldin, M.; Discroll, J., *et al.* 2000).

Microfinanciamento da habitação Aspectos de gestão

Para ter acesso a um empréstimo, um membro deve identificar 5 pessoas com antecedentes económicos e sociais semelhantes que concordem em solicitar e co-assinar os empréstimos antes de participar no programa de empréstimos. No sistema do banco Grameen, um conjunto de grupos, ou seja, entre 2 e 10, constitui um centro que é presidido por dois funcionários: um chefe eleito e um chefe adjunto. Os fundos para o programa são acumulados de duas formas. Cada membro do grupo é obrigado a depositar como poupança pessoal 2 Taka (4 cêntimos) por semana num fundo de grupo, e por cada empréstimo desembolsado, uma dedução de 5% do montante do empréstimo, um imposto de grupo é depositado no fundo de grupo. O dinheiro deste fundo pode ser utilizado para empréstimos aos membros, à discrição do grupo, e ao fim de 10 anos os membros podem levantar as suas poupanças e receber juros.

No âmbito do programa, os empréstimos à habitação são concedidos apenas a pessoas qualificadas. O candidato deve ter um historial de participação regular em reuniões semanais, deve comprovar que adquiriu poupanças e deve provar que dispõe de um rendimento adequado e que reembolsou com êxito um ou mais empréstimos anteriores. Em seguida, deve apresentar uma proposta sobre o tipo de casa que pretende construir e elaborar um plano de reembolso. Para se qualificar para um empréstimo à habitação do Banco Grameen, o membro deve fornecer documentação legal da propriedade do terreno onde a casa será construída. Se o membro não for proprietário do terreno, é encorajado a utilizar o empréstimo para a compra do terreno. Para os membros mais pobres, estes requisitos são mais flexíveis se o membro estiver a enfrentar uma necessidade extrema de abrigo (Serageldin, *et al,* 2000; Latifee, 2008).

O grupo do mutuário e os membros do centro devem concordar em apoiar o empréstimo para o membro individual. Os grupos e os membros do centro são responsáveis pelo controlo da utilização do empréstimo e, se o mutuário não puder pagar o empréstimo, os membros do grupo e do centro são responsabilizados. Todos os membros do centro devem estar presentes na altura do pagamento do empréstimo. Normalmente, o processo de pedido de empréstimo demora 3 a 4 semanas, embora em casos urgentes os membros possam receber o dinheiro em menos de 10 dias. A taxa média de reembolso destes empréstimos foi de 98%. Os empréstimos estão atualmente disponíveis a 8% de juros, o que se compara muito favoravelmente com os 20% de juros cobrados por empréstimos regulares ou de curto prazo (Serageldin, M.; Discroll, J., *et al.* 2000).

O empréstimo básico para habitação é de $242 e o empréstimo padrão para habitação mais elevado é para montantes até $600. O montante máximo para um empréstimo para compra de herdade é de $202 e o empréstimo para reparação de casas é de $101. Para empréstimos de $202 ou menos, os membros pagam $20 por ano e para empréstimos superiores a $202 dividem o montante por um período de dez anos. O mutuário é responsável pelo projeto da casa, mas o banco garante que os requisitos básicos de saúde e segurança sejam atendidos. A casa deve satisfazer as normas mínimas do Grameen, incluindo uma latrina com fossa. Em novembro de 1999, a carteira total do Grameen Bank era de 2 951,78 milhões de dólares, enquanto a carteira de habitação era de 185,32 milhões de dólares, ou seja, 6,6% do total. A taxa de reembolso para todos os empréstimos é de 98%, e para os empréstimos à habitação é de quase 100%, uma vez que só estão disponíveis para os mutuários que tenham demonstrado um registo de reembolso perfeito. No mesmo ano, o Grameen Bank contava com um total de 2.352.867 membros, todos eles residentes em zonas rurais. Apenas um candidato por família pode candidatar-se a membro do Grameen Bank e não pode possuir mais de 0,5 acre de terra ou ter activos superiores ao valor de mercado de um acre de terra. 94% dos mutuários do Grameen Bank são mulheres. Para se qualificar para um empréstimo à habitação, a propriedade deve estar registada em nome do mutuário (*ibid;* Latifee, 2008).

As práticas de construção normalizadas, como a utilização de pilares de cimento e a instalação de latrinas sanitárias, ajudaram a melhorar a saúde e a segurança dos mutuários. Além disso, as casas maiores na Índia são também melhores locais de trabalho e de estudo, pelo que o Grameen contribuiu para o estatuto social dos seus membros e os empréstimos à habitação contribuem diretamente para níveis mais elevados de geração de rendimentos.

Quadro 2. 1: Repartição dos custos básicos do crédito à habitação

Artigo	**Montante em US$**
Pilares de betão armado a 7,65 € cada	31
Dezoito chapas metálicas onduladas	91
Latrina sanitária	10
Outros materiais, incluindo a estrutura do telhado, etc.	110
Total	242

Fonte: Serageldin, *et al.* 2000.

2.1.4. Gujarat Mahila Housing SEWA Trust na Índia, Ásia

Aspectos institucionais

O Gujarat Mahila Housing Trust foi criado pelo Banco SEWA e outros parceiros para permitir que as mulheres que trabalham por conta própria melhorem as suas condições de habitação. A Self-Employed Women's Association (SEWA) foi criada em 1972 na cidade de Ahmedabad como um sindicato com o objetivo de organizar as mulheres com baixos rendimentos que trabalham no sector informal. O Trust foi oficialmente registado em 1994. A SEWA visava o que representava 96% das mulheres empregadas na Índia, que trabalhavam no sector informal sem direitos, segurança ou proteção. As mutuárias da SEWA são trabalhadoras por conta própria ou trabalhadoras ocasionais. No final de 1999, a SEWA contava com um total de 220 000 membros (Serageldin, M.; Discroll, J., *et al.* 2000; www.sewahousing.org/formation.htm).

Microfinanciamento da habitação Aspectos de gestão

O Banco SEWA aventurou-se pela primeira vez no domínio dos empréstimos à habitação em 1976, dois anos após a sua criação. Em 1981, foram concedidos apenas 9 empréstimos à habitação. Em 1986, o número subiu para 322 e, em 1999, para 2.192. Inicialmente, o Banco servia de intermediário entre as pessoas com baixos rendimentos e as instituições financeiras formais, para que os pobres tivessem acesso a empréstimos (www.sewahousing.org/formation.htm). Em 1992, o conselho de administração da SEWA Union decidiu que as actividades relacionadas com a habitação necessitavam de uma maior especialização, tendo sido criados os Serviços de Habitação da SEWA, com o objetivo geral de melhorar as condições de habitação e de infra-estruturas para os membros da SEWA, melhorar o acesso a serviços como o financiamento da habitação e das infra-estruturas, a assistência jurídica e técnica e influenciar as políticas e os programas de desenvolvimento urbano. O Banco SEWA oferece três categorias de produtos financeiros aos seus mutuários. Mas os empréstimos à habitação representam aproximadamente metade da carteira de empréstimos do SEWA Bank. Ao longo dos anos, e em resposta à crescente procura por parte dos seus membros, o Banco SEWA tem vindo a aumentar de forma constante a proporção de empréstimos à habitação em relação à carteira total. No final de 1999, os empréstimos à habitação totalizavam 4,64 milhões de dólares, concedidos a cerca de 14 905 mulheres. A grande maioria (70%) dos empréstimos à habitação concedidos pelo Banco SEWA em 1999 foi utilizada para reparações gerais ou melhoramento da casa, expansão da casa através da adição de um quarto, cozinha ou casa de banho e, por vezes, para depósitos de renda. Apenas 30% dos empréstimos foram utilizados para a compra ou construção de uma nova casa *(ibid)*.

Aspectos dos serviços de apoio à habitação

O Gujarat Mahila Housing SEWA Trust considera os serviços de apoio técnico como parte integrante do seu programa de habitação. A experiência do Trust no domínio do microfinanciamento da habitação demonstra que, para fornecer com êxito habitações e infra-estruturas viáveis e eficazes às populações pobres do sector informal, são vitais as duas componentes complementares seguintes: i) acesso fácil e atempado ao crédito para a construção de habitações; e ii) apoio técnico consultivo, que responda às necessidades dos clientes. O Trust estabelece parcerias com as organizações que o integram para alargar o alcance do microfinanciamento da habitação às mulheres pobres através das suas actividades de investigação, formação e criação de redes. A equipa de engenheiros e trabalhadores no terreno do Trust proporciona um acesso fácil a aconselhamento técnico relacionado com a construção e apoio institucional para estabelecer ligações com os departamentos governamentais. Este apoio de ligação entre as comunidades pobres e as instituições formais é uma área fundamental das actividades do Trust (*ibid*).

2.1.5. O Fundo Kuyasa na África do Sul, África Subsariana

Aspectos institucionais

O Fundo Kuyasa é uma organização de desenvolvimento social sem fins lucrativos que utiliza o microfinanciamento como instrumento para melhorar as condições de habitação das comunidades pobres da África do Sul. O Fundo Kuyasa foi criado em 2000 como um projeto-piloto, supervisionado por uma ONG sul-africana de desenvolvimento comunitário chamada The Development Action Group (DAG), que foi criada em resposta à necessidade dos beneficiários de subsídios à habitação do Estado de acederem a formas não tradicionais de financiamento. O Fundo tem tido um excelente historial em matéria de concessão de crédito e de funcionamento desde a sua criação, com uma carteira de empréstimos maioritariamente financiada por empréstimos por grosso. O Fundo está registado ao abrigo da secção 21 da Lei das Sociedades de 1973. O Kuyasa está também registado como Organização de Benefício Público e é regulado pelo Regulador Nacional de Crédito, que supervisiona as organizações de IMF (Kuyasa, 2007; Mills, 2007).

A visão do Fundo Kuyasa é criar agregados familiares e comunidades sustentáveis através da facilitação do acesso ao financiamento da habitação e ser um instrumento para melhorar o bem-estar e apoiar o desenvolvimento de um sector financeiro para os pobres. Acredita-se que os mais pobres dos pobres são dignos de crédito e que, através da mobilização de poupanças, são capazes de construir capital financeiro e social. Para concretizar esta visão, a Kuyasa presta serviços de microfinanciamento às pessoas com direitos profissionais seguros que estão excluídas de

financiamento formal, na convicção de que a melhoria da qualidade da habitação acrescenta um valor social essencial e porque não estão disponíveis outras fontes adequadas de financiamento da habitação para as famílias com baixos rendimentos (*ibid*).

Microfinanciamento da habitação Aspectos de gestão

Este Fundo é uma instituição especializada no financiamento da habitação e foi pioneiro numa metodologia de microcrédito culturalmente adequada. Os grupos comunitários são apoiados pelo Fundo para pouparem para a habitação e este concede empréstimos a indivíduos que se qualificam para o subsídio estatal à habitação. A Kuyasa beneficia ainda do estatuto de isenção do imposto sobre o rendimento ao abrigo da Secção 10 da Legislação Fiscal (Kuyasa, 2007; Mills, 2007). Desde a sua criação, o Fundo Kuyasa desembolsou 53 milhões de rands em empréstimos a 9.700 clientes até ao ano de 2008, o que teve um impacto em 48.500 indivíduos e agregados familiares em apenas oito anos. 75% de todos os beneficiários de empréstimos são famílias chefiadas por mulheres, enquanto 75% de todos os clientes têm entre 40 e 60 anos de idade. 60% são empregados informalmente e pensionistas que ganham menos de R1500; 93%

ganham menos de R3500 (www.capegateway.gov.za/kuyasa).

Os clientes da Kuyasa são aqueles que ganham menos de 3500 rands por mês e são elegíveis para empréstimos até 10 000 rands para utilização na melhoria da sua situação habitacional. Os empréstimos são alargados aos mais marginalizados, incluindo os que têm emprego informal, as mulheres e os reformados. Os objectivos do fundo são os seguintes

i) Proporcionar um acesso responsável ao crédito às pessoas que não pertencem ao sector bancário formal, em especial aos grupos tradicionalmente vulneráveis, incluindo as mulheres e os idosos.

ii) Apoiar este acesso ao crédito através da promoção de grupos de poupança e de reembolso.

iii) Conceder crédito com o objetivo de melhorar a habitação e construir capital social.

iv) Permitir que os clientes construam casas de tamanho adequado que satisfaçam as suas necessidades.

v) Fornecer um exemplo de empréstimo bem sucedido às pessoas financeiramente marginalizadas e ser pioneiro numa metodologia para encontrar soluções sustentáveis para a pobreza.

Curiosamente, o Kuyasa não aceita depósitos de poupanças dos beneficiários mas, pelo contrário, todas as poupanças permanecem sob o controlo dos aforradores. Após o cumprimento dos requisitos, os pedidos de financiamento de habitação podem ser submetidos, normalmente, para um montante não superior a três vezes as poupanças dos requerentes, um máximo de ZAR 5.000 para os primeiros empréstimos, enquanto os empréstimos subsequentes, dependendo do desempenho do reembolso, podem ser para montantes maiores, ou seja, ZAR 10.000. As prestações de reembolso do empréstimo são calculadas a uma taxa percentual não superior a 30%, enquanto os juros anuais compostos são cobrados a 38%. Os clientes são encorajados a pagar o serviço dos seus empréstimos através de depósitos bancários, embora quase 40% dos reembolsos sejam efectuados em numerário recolhido pelos funcionários responsáveis pelos empréstimos. O prazo máximo do empréstimo é de 24 meses. Mills (2007) sublinha que os prazos de empréstimo mais curtos e os montantes mais pequenos dão aos clientes um maior grau de flexibilidade em termos de gestão das suas finanças e de construção progressiva em fases que se adaptam aos seus próprios ciclos económicos e familiares.

Metodologia Kuyasa

A metodologia Kuyasa está enraizada na cultura de poupança de grupo prevalecente na região.

Os membros são obrigados a formar grupos nos quais é efectuada uma poupança regulada pelos pares e gerida pelo risco. O grupo formado, geralmente, mas não exclusivamente, de mulheres, reúne-se em reuniões semanais ou mensais para contribuir com as suas poupanças e receber pagamentos. A forte familiaridade dos beneficiários com os grupos de poupança é utilizada como requisito para aceder a um empréstimo, sendo os potenciais clientes obrigados a poupar regularmente durante um período de seis meses antes de poderem candidatar-se a um financiamento à habitação.

O requisito acima referido tem uma tripla função:

i) para provar a capacidade do cliente para poupar e gerir as suas finanças;

ii) assegurar o desenvolvimento de uma relação com os outros membros da poupança

grupos, que podem ser aproveitados pela Kuyasa para incentivar o reembolso através da pressão dos pares e, por último

iii) para criar poupanças pessoais a juntar ao empréstimo, aumentando o montante do financiamento disponível para a realização do projeto de habitação.

Aspectos das tecnologias da informação e da comunicação

Acredita-se que as tecnologias de informação e comunicação (TIC) e os sistemas de informação de gestão adequados podem ajudar a aumentar a eficiência operacional das IFM. A Kuyasa tem procurado inovações tecnológicas como chave para melhorar a eficiência dos agentes de crédito, recorrendo à tecnologia móvel que permite aos membros do pessoal reduzir os tempos de pedido de empréstimo e a necessidade de os clientes se deslocarem regularmente à sede. Mills (2007) confirma que o papel desempenhado pelos agentes de crédito é a chave do sucesso do Kuyasa. Cada agente de crédito é responsável por uma determinada área geográfica dentro da qual comercializa e concede empréstimos. A boa relação desenvolvida entre os agentes de crédito e os seus clientes é fundamental para assegurar o bom registo de reembolsos de que a organização goza. Com a utilização de assistentes pessoais digitais e impressoras móveis, os agentes de crédito podem preencher formulários de candidatura, cobrar reembolsos, imprimir recibos, efetuar verificações junto das agências de crédito e documentar o progresso da construção enquanto estão no terreno (*ibid*).

2.2.6. Instituições de microfinanciamento na Tanzânia

Aspectos institucionais

As IMF na Tanzânia vão desde bancos comerciais, ONG financeiras, OCB, instituições financeiras, até SACCOS que atualmente estabeleceram ou alargaram programas de microfinanciamento no âmbito dos seus planos estratégicos em curso. O microfinanciamento na Tanzânia começou na década de 1990 e continuou a crescer com o sucesso crescente do microfinanciamento a nível internacional. Antes de terminar a secção, apresenta-se um resumo de algumas IFM que foram identificadas e operam em Dar es Salaam (URT, 2005).

A premissa central da abordagem do crédito microfinanceiro é que a falta de acesso dos pobres ao crédito constitui um dos obstáculos mais críticos à redução da pobreza e ao desenvolvimento económico de base ampla (Nissanke, 2002 citado em Germain, 2008). Perante a perceção de lacunas consideráveis na prestação de serviços de crédito aos pobres e às microempresas, a missão das IFM consiste em colmatar esta deficiência do mercado, servindo o segmento da população "não bancarizado" em nome da redução da pobreza. Para o efeito, as IDMF adoptaram um conjunto de mecanismos de prestação de serviços, com contratos e incentivos "inovadores", com vista a minimizar os riscos nas relações com os pobres *(ibid).*

Tipologia das instituições de microfinanciamento

Os serviços de micro-finanças existentes na Tanzânia são prestados por várias instituições que podem ser agrupadas do seguinte modo

i) instituições de microfinanciamento de organizações não governamentais, ii) programas de microfinanciamento patrocinados pelo governo e pelo sector público, iii) SACCOS registadas ao abrigo da lei das cooperativas.

iv) Instituições financeiras formais que oferecem serviços de microcrédito.

A Tanzânia tem também alguma experiência de cooperativas de habitação que se enquadram em três categorias principais de organizações no sector das cooperativas de habitação:

i) Cooperativas registadas ao abrigo da lei das sociedades cooperativas;

ii) Organizações de tipo cooperativo, ou seja, as que adoptam os princípios e práticas cooperativas de base sem estarem registadas ao abrigo da lei das sociedades cooperativas.

iii) Outras OBC. Todos estes são vários tipos de instituições de microfinanciamento que estão atualmente a trabalhar a favor das pessoas com baixos rendimentos na Tanzânia.

Um inquérito de 2005, realizado pelo Banco da Tanzânia (o supervisor das microfinanças sob a tutela do Ministério das Finanças e dos Assuntos Económicos), actualizou o diretório dos profissionais de microfinanças e inclui informações básicas sobre as IMF, incluindo bancos comerciais, instituições financeiras, ONG financeiras, SACCOS e Associações de Poupança e Crédito. O diretório inclui um total de 8 bancos, 45 OCB, 1 associação de serviços financeiros, 105 programas governamentais, 1.635 SACCOS, 48 associações de poupança e crédito

Associações e 57 ONG (URT, 2005). O relatório mostra que a lista de todas as IFM e o número de SACCOS está a crescer mais rapidamente do que outras IFM no país. Isto prova que os SACCOS estão a expandir-se rapidamente, atingindo as pessoas com baixos rendimentos. De acordo com o diretório do Banco da Tanzânia, a região de Mwanza lidera com o maior número de IFM (227 registadas), seguida de Mbeya com 196, Dar es Salaam 188, Kagera com 116 e Mara 111 instituições registadas que prestam serviços financeiros a pessoas com baixos rendimentos. As 1.899 IMF existentes na Tanzânia representam uma oportunidade potencial que pode ser aproveitada para os produtos de habitação destinados à maioria das pessoas com rendimentos baixos e médios. Utilizando a sua experiência e as mesmas infra-estruturas para a concessão de empréstimos a microempresas, podem criar um programa de microfinanciamento no sector da habitação para o mesmo grupo de mercado (*ibid*).

Tomlinson e Merill (2006) argumentam que os SACCOS já estavam em atividade muito antes de os bancos comerciais entrarem no domínio das microfinanças e continuam a ser os principais fornecedores de microcrédito no país, apesar de operarem com acesso limitado a fundos externos e com uma relativa falta de competência financeira. No caso das SACCOS, as suas principais fontes de financiamento são o capital social e os depósitos. No caso das ONG financeiras, a sua principal fonte de financiamento provém de depósitos voluntários e de doadores estrangeiros. Em ambos os casos, estas organizações recebem depósitos da mesma população-alvo a que concedem empréstimos.

O Banco da Tanzânia estabeleceu novas normas prudenciais e regulamentação bancária para o sector das microfinanças, publicadas em abril de 2005. Para começar a aplicar a nova política, o quadro legislativo e regulamentar em vigor para o sector financeiro formal foi alterado de modo a incluir as microfinanças. Como resultado destas reformas regulamentares, a Tanzânia tem agora uma estrutura escalonada de instituições financeiras licenciadas e prudencialmente regulamentadas e supervisionadas, processando diferentes requisitos de entrada em termos de capitalização mínima exigida para bancos comerciais, bancos regionais, bancos rurais e instituições não financeiras. A Associação de Instituições de Microfinanças da Tanzânia (TAMFI) foi criada com o objetivo de servir de força central unificadora para o desenvolvimento e a expansão de uma gama de serviços financeiros prestados aos pobres e de ser o principal grupo de defesa do sector privado para o sector das microfinanças.

Bancos comerciais no sector dos microempréstimos: Os bancos que oferecem alguns serviços de microfinanças incluem o National Bank of Commerce (NBC), o National Microfinance Bank (NMB), o Cooperative Rural Development Bank (CRDB) e o Akiba Bank. *ONGs financeiras:* antes das recentes iniciativas de regulamentação, as ONGs financeiras não estavam regulamentadas e não eram supervisionadas. Estavam registadas como entidades legais, quer como sociedades limitadas por garantia ao abrigo da Lei das Sociedades, quer como Sociedades ao abrigo da Portaria sobre Sociedades ou como Trusts ao abrigo da Portaria sobre Incorporação de Trustees. As ONG financeiras aceitam poupanças voluntárias e utilizam duas abordagens para a concessão de empréstimos: (1) empréstimos individuais e (2) empréstimos de solidariedade ou de grupo. Até há pouco tempo, todas as ONG financeiras tanzanianas dependiam parcialmente do apoio dos doadores, tanto em termos de recursos como de assistência técnica (Tomlinson e Merill, 2006).

2.2.7. Instituições de microfinanciamento para habitação em Dar es Salaam

O microfinanciamento da habitação ou microfinanciamento para a habitação situa-se na intersecção entre o financiamento das microempresas e o financiamento hipotecário. Partilha as mesmas caraterísticas, mas também apresenta algumas diferenças importantes. Por exemplo, o montante e a duração (dois a dez anos) dos empréstimos de microfinanciamento à habitação são normalmente muito inferiores aos do financiamento hipotecário, mas superiores aos do crédito às microempresas. Muitos programas de microfinanciamento da habitação funcionam com títulos de propriedade para-legais e rendimentos de trabalho por conta própria; a segurança típica que as famílias com rendimentos baixos e médios podem oferecer. Em contrapartida, o financiamento hipotecário exige normalmente uma garantia hipotecária e um emprego no sector formal (Ferguson, 2000).

A análise documental revelou que a atividade das IFM no sector da habitação está ainda a dar os primeiros passos. A maioria das microfinanças para habitação na Tanzânia é muito mais recente do que as microfinanças para pequenas empresas ou negócios e tem uma capacidade limitada para servir um grande mercado. A análise categorizou estas instituições em dois grupos com base nas suas abordagens operacionais, nomeadamente a abordagem baseada na defesa e no lobbying e a abordagem baseada no microcrédito à habitação (Serageldin *et al*, 2000; Merill e Tomlinson, 2006; Kironde, 2007; Germain, 2008; Houston, 2010). As seguintes instituições foram identificadas como IFMH com base nas duas abordagens: As IHMs baseadas na advocacia incluem: WAT-Human Settlement Trust (WAT-HST) e Tanzania Women Land Advancement Trust (TAWLAT), Tanzania Urban Poor Federation. As instituições baseadas no microcrédito incluem: Habitat for Humanity Tanzania (HFHT), WAT-SACCOS, Centre for Community Initiatives (CCI), Tanzania Gatsby Trust (TGT), Financial Deeping Setor Trust (FDST), Akiba commercial Bank, Presidential Trust (PT) e Pride Tanzania.

2. 3. Resumo das questões emergentes

A análise da literatura existente mostrou que existem IFM no sector da habitação que lidam com vários produtos de habitação para pessoas com baixos rendimentos. A análise também mostrou que as IFM existentes foram legalmente estabelecidas com visões e missões claras, planos e objectivos estratégicos, produtos de empréstimo e grupos-alvo específicos no desenvolvimento de habitação para pessoas de baixos rendimentos, o que foi designado como aspeto institucional. Além disso, a análise mostrou que existem fontes de financiamento e requisitos de empréstimo, processo de empréstimo e desembolso, e gestão de garantias e riscos, que foram todos agrupados como aspectos da gestão das microfinanças de habitação.

Além disso, algumas IFM de habitação incorporaram serviços de apoio à habitação como parte integrante do programa de empréstimos à habitação. Os serviços de apoio à habitação ou serviços de apoio técnico incluem, entre outros, o reforço de capacidades, a preparação do orçamento, a aquisição de materiais de construção e de mão de obra e o acompanhamento da construção, para resumir alguns serviços. Outras IFM prestam apoio através de inovações tecnológicas, aplicando as TIC. No total, são prestados vários serviços de apoio à habitação por estas IFM, embora nem todas as IFM analisadas prestem serviços de apoio técnico. No entanto, foram levantadas algumas questões relativamente ao microfinanciamento da habitação na Tanzânia: que tipos de IFM existem em Dar es Salaam? Que serviços de apoio à habitação são prestados para o desenvolvimento da habitação e qual é a extensão desse apoio? Que produtos de empréstimo estão disponíveis? Quem são os beneficiários dos empréstimos? Qual é a fonte de financiamento para a construção de habitações? Qual é o principal papel das IFHM no processo de promoção da habitação? Como é que as TIC melhoram a gestão dos programas de habitação?

CAPÍTULO 3

QUADRO TEÓRICO E CONCEPTUAL

3.1. Introdução

As teorias constituem a base sobre a qual são desenvolvidos os conceitos para esta investigação. Do mesmo modo, os conceitos ocupam um espaço significativo neste estudo, uma vez que são normalmente utilizados para avaliar os dados brutos recolhidos num determinado ambiente e, finalmente, para ajudar a chegar a uma conclusão generalizada (Bacho, 2001). Este capítulo elucida as teorias e os conceitos relevantes para este estudo e mostra também a forma como constituem a base de estudo em que assentam os resultados.

3.2. Quadro teórico

As teorias científicas são abstracções que representam determinados aspectos do mundo empírico. Preocupam-se com o como e o porquê do fenómeno empírico, e não com o que deveria ser. Ajudam a explicar e a prever coisas sobre um fenómeno (Lupala, 2002 citando Chalmers, 1999 e Lundequist, 1999; Nundequist, 1999). Ajudam a explicar e a prever coisas sobre um fenómeno (Lupala, 2002, citando Chalmers, 1999 e Lundequist, 1999; Nachmias e Nachmias, 1997). Uma teoria é referida como um conjunto de conceitos que, em conjunto, permitem compreender como um fenómeno é construído e como pode ser classificado e utilizado. As teorias e os conceitos são ferramentas para o pensamento humano, da mesma forma que os instrumentos são para a ação humana (*ibid*). No caso do presente estudo, foram adoptadas a teoria da organização, a teoria da gestão, a teoria das redes e a teoria do crédito comercial.

3.2.1. Teoria da organização

A teoria organizacional é uma teoria moderna da empresa que afirma que os objectivos e as actividades de uma empresa são o resultado da sua estrutura organizacional. A teoria exige a compreensão das caraterísticas da organização, que incluem a estrutura, os membros, o comité de liderança, as qualificações dos membros, o estilo de tomada de decisões aplicado e a forma como a organização assegura o empenho dos membros na organização. A estrutura da organização é sempre concebida para garantir o objetivo da organização. Além disso, alguns autores defendem que a organização é um processo contínuo. A organização refere-se à identificação e classificação das actividades necessárias e ao agrupamento das actividades que são necessárias para atingir os objectivos. Coloca-se a questão de saber como é que estas IFM estão organizadas e como é que supervisionam o seu programa de concessão de empréstimos para garantir a sustentabilidade.

A teoria organizacional afirma que as organizações são entidades com objectivos específicos, concebidas pelos seus fundadores para maximizar a riqueza, o rendimento ou outras estruturas institucionais. Na sua essência, as organizações desenvolvem actividades com objectivos específicos e, ao desempenharem esse papel, tornam-se agentes e moldam a direção da mudança institucional e do desempenho económico (North, 1990 in Kyessi, 2002). Assim, se a estrutura organizacional é concebida para assegurar o objetivo da organização, então é muito importante observar se a estrutura organizacional se adequa ao objetivo da IFH e, uma vez que a organização é um processo contínuo, esperamos uma reorganização quando necessário, de modo a melhorar o desempenho da instituição.

Outro aspeto que era necessário observar no âmbito desta teoria é a adesão, que obviamente salienta a qualificação dos beneficiários dos empréstimos. Por conseguinte, a teoria fornece a área de concentração, que são as caraterísticas organizacionais, que incluem a estrutura da organização, os membros, a liderança, o empenhamento dos membros, o empenhamento da liderança, as qualificações dos membros e o estilo de tomada de decisões, que tem uma grande influência no desempenho da instituição.

3.2.2. Teoria da gestão

As teorias da gestão e as teorias das organizações sociais são campos académicos que se sobrepõem em grande medida. A teoria da gestão pode ser definida como um subcampo da teoria da organização, que trata da questão da coordenação do trabalho nas organizações (Stenlâs, 1999 in Kyessi, 2002). Em particular, a gestão é vista como responsável pela criação e controlo de sistemas de coordenação e direção. Isto conduz, por sua vez, a uma questão aparentemente básica: qual é o melhor sistema para uma organização? Embora se encontrem muitas e diferentes respostas na literatura, a teoria da gestão baseia-se geralmente nas condições prévias de que as organizações são resultados racionais e expressões da capacidade de gestão da direção (*ibid*).

3.2.3. Teoria do crédito comercial

A teoria baseia-se no argumento de que o crédito comercial existe como um substituto do crédito bancário. No entanto, os dados mostram que as empresas utilizam tanto o crédito comercial como o crédito bancário, mesmo quando se assume que os bancos são credores relativamente mais competitivos do que os fornecedores (Cunat, 2001 in Mwasha, 2004). A teoria afirma que a oferta de crédito comercial coloca o ónus da responsabilidade sobre os mutuantes, uma vez que envolve a avaliação do risco de crédito do cliente e a determinação das condições de crédito e do custo de cobrança dos créditos. Suportando o risco de incumprimento, os custos devem ser incorridos ou externalizados para uma empresa de factoring a um custo adicional. Por outro lado, do lado do beneficiário, o crédito comercial é um modo de financiamento dispendioso. Foram identificados pelo menos quatro motivos subjacentes a esta teoria para que uma empresa ofereça crédito comercial aos seus clientes (Smith et al, 1997; Nilsen, 1999; Feris, 1981; Nilsen, 2002; Petersen e Rajan, 1997; Deloof e Jegers, 1995 citados em Mwasha, 2004):

i) *Motivos de financiamento:* o fornecedor pode ter uma vantagem tripla sobre os fornecedores formais de crédito para conceder crédito ao comprador, uma vez que o fornecedor pode avaliar a solvabilidade do comprador no decurso normal das suas actividades. O fornecedor é também mais suscetível de impor o reembolso, uma vez que existe uma ameaça credível de cortar os fornecimentos futuros; mas se o comprador não cumprir as suas obrigações, o fornecedor tem a vantagem de revender os bens recuperados.

ii) *Motivo da transação:* a concessão de crédito comercial reduz o custo do pagamento e da gestão das facturas entre fornecedores e compradores que procedem a uma troca regular de bens ou serviços, e o crédito comercial pode ser um instrumento útil de gestão de tesouraria.

iii) *Discriminação de preços*: as empresas podem discriminar os preços através do crédito comercial, uma vez que este reduz o preço efetivo oferecido aos compradores com baixo crédito. As empresas com margens elevadas entre as vendas e os custos variáveis têm um forte incentivo para efetuar vendas adicionais através da redução do preço aos clientes existentes.

iv) *Motivos de venda:* existe um motivo de venda, uma vez que as garantias de qualidade podem ser reforçadas utilizando o crédito comercial para financiar as mercadorias até que o comprador possa verificar a qualidade do produto. O crédito comercial pode igualmente assegurar o domínio da clientela. A premissa subjacente a esta teoria é a de que, se o grau de concorrência no mercado implicar que os fabricantes e os vendedores tenham de adotar uma estratégia de concorrência não baseada nos preços, então o fornecedor pode, através do crédito comercial, adquirir ou mesmo manter os clientes existentes (Soufani, 2002 in Mwasha, 2004).

Por conseguinte, para que a empresa adopte a política de "comprar" agora e "pagar" depois, a extensão do crédito pode tornar-se uma fonte de sobrevivência e de crescimento para empresas de todas as dimensões. O motivo da teoria da utilização do crédito comercial, na perspetiva do fornecedor, é que os fornecedores concedem empréstimos a clientes com restrições financeiras porque têm uma vantagem comparativa na obtenção de informações sobre os compradores. Esta teoria é relevante para o estudo, uma vez que as IFHM concedem empréstimos a pessoas com baixos rendimentos que são excluídas pelos bancos e pelas grandes instituições financeiras.

3.2.4. Teoria das redes

A teoria das redes coloca a tónica nas relações entre os actores, sejam eles actores organizacionais ou indivíduos. A abordagem da dependência de recursos à teoria organizacional fornece a noção de rede com significado teórico, baseando-se na teoria das trocas sociais (Stenlâs, 1999 in Kyessi, 2002). Também o interesse renovado no estudo das instituições sociais informais traz a possibilidade de atribuir um significado teórico à questão das redes e ligações sociais (Powell, 1993 in Kyessi, 2002). Os teóricos dos recursos argumentaram que, nas relações de troca, cada um dos parceiros que participam na troca procurará reduzir a sua dependência do outro, aumentando simultaneamente a dependência do outro em relação a si. Esta interação e a sua resolução bem sucedida são a base das diferenças de poder entre os dois. A teoria das redes analisa o comportamento através das relações entre actores como organizações, indivíduos, governo, proprietários e a comunidade. A teoria reconhece o facto de que, para facilitar a mudança de comportamento a longo prazo ou um ambiente propício, um aspeto importante do desenvolvimento de um ambiente de apoio é a criação de ligações entre as pessoas, o que permite que a informação e a aprendizagem ocorram através das redes sociais. Defende-se que as relações entre actores, indivíduos, grupos e organizações criam a capacidade de agir em benefício mútuo ou com um objetivo comum (*ibid*).

3.2.5. Conceitos relacionados com o desenvolvimento de habitações de baixo rendimento

Conceito de meios de subsistência

Este conceito é muito diferente do conceito de emprego. Aqui refere-se aos meios de ganhar a vida, incluindo capacidades de subsistência, activos tangíveis e intangíveis (Chambers 1997:163), enquanto o conceito de emprego significa ter um empregador, um emprego, um local de trabalho e um salário. Chambers (*ibid*) observa ainda que a maioria das pessoas pobres no Sul, especialmente na África Subsariana, não tem uma fonte de apoio, mas várias. Mantêm uma carteira de actividades. Diferentes membros da família procuram e encontram diferentes fontes de alimentos, combustível, forragem para animais, dinheiro e apoio de diferentes maneiras, em diferentes lugares e em diferentes alturas do ano. A sua vida é improvisada e sustentada através das suas capacidades de subsistência, através de activos tangíveis sob a forma de lojas e recursos, e através de activos intangíveis sob a forma de reivindicações e acesso.

Outras fontes de alimentação, de rendimento, de apoio e de meios de sobrevivência utilizadas pelos pobres nos países em desenvolvimento incluem: a horta doméstica, os recursos de propriedade comum, a recolha, a procura na praia e a respiga, a transformação, a venda ambulante, a venda e a comercialização; a criação partilhada de gado, o transporte, o trabalho artesanal, as ocupações especializadas e a ajuda mútua, incluindo o empréstimo de pequenas quantias a familiares e vizinhos e os empréstimos de grupos de poupança. Utilizando este conceito, foi efectuada uma investigação para estudar a forma como os pobres pagam o empréstimo que pediram às IMFs para a melhoria da habitação ou para a construção de novas habitações.

Conceito de transformação da habitação

A compreensão do fenómeno da transformação é um pré-requisito para qualquer tentativa de proporcionar um ambiente habitacional de melhor qualidade e de melhorar as condições de vida das habitações existentes (Nguluma, 2003). A transformação de uma habitação é definida como "uma alternância ou extensão que envolve actividades de construção utilizando materiais e tecnologia em uso na localidade" (Tipple, 1991 in Nguluma, 2003).

Salama, em Nguluma (*ibid*), identifica dois tipos de transformação. São as transformações interiores e exteriores. A transformação interior refere-se à modificação da utilização do espaço interior, à modificação das paredes interiores para alterar o tamanho da divisão, a outras pequenas modificações como o reposicionamento de portas, a utilização de cortinas para separar o espaço por razões de privacidade e a criação de espaço de armazenamento adicional. A transformação exterior implica criar privacidade fechando os parapeitos de uma varanda exposta, fazer novas janelas criando aberturas nas paredes laterais de um quarteirão, alargar uma divisão existente e apropriar-se de espaço público aberto para extensões de divisões (Salama 1998 em Nguluma 2003). Neste estudo, transformação refere-se a mudanças; engloba as variáveis de alternâncias físicas, extensões e substituições. Isto foi utilizado para estudar o processo pelo qual as pessoas de baixos rendimentos transformam as suas casas através de empréstimos das IMFs.

Conceito de habitação de autoajuda

Este é um processo através do qual os agregados familiares com rendimentos mais baixos têm acesso à habitação (Turner, 1976). O autor salienta ainda que uma pessoa pobre precisa de um pedaço de terra e de algumas instalações comunitárias, sendo que os próprios utilizadores conhecem melhor as suas necessidades do que os funcionários públicos. Turner também afirma que os utilizadores têm as competências e a motivação para construir as suas casas, que inicialmente serão mais baratas e podem gradualmente ser melhoradas fisicamente com a melhoria da situação de vida do utilizador (*ibid*).

Nos anos seguintes, o trabalho de Turner foi criticado por outros investigadores. A principal crítica é que o conceito de autoajuda considera principalmente o valor de uso da habitação para os indivíduos, enquanto o contexto económico mais amplo não é tido em consideração (Burgess

1982 in Nguluma, 2003). A construção de autoajuda é considerada como um aumento do trabalho não remunerado que conduz à exploração. Apesar das críticas, o conceito de habitação de autoajuda tem sido posto em prática através de esquemas de sítios e serviços, em que as pessoas recebem terrenos e infra-estruturas para construírem as suas próprias casas. A requalificação dos aglomerados informais é outro aspeto positivo deste conceito. O Banco Mundial e as Nações Unidas adoptaram esta base concetual como alternativa à estratégia de habitação, financiando a habitação nos países em desenvolvimento através da regularização fundiária, da melhoria dos aglomerados populacionais e da disponibilização de locais e serviços (Terekegn, 2000 in Nguluma 2003). O conceito foi adotado para observar se os beneficiários dos empréstimos contribuíram de uma forma ou de outra para o processo de habitação.

Conceito de habitação

A habitação refere-se às estruturas em que as pessoas são alojadas. Proporciona segurança, proteção, um armazém para a posse, proteção contra os elementos e um local para a vida familiar. A habitação pode ainda ser definida como uma casa, um terreno e as infra-estruturas circundantes. É sinónimo de abrigo. Enquanto o abrigo é um teto sobre a cabeça para proteção contra os elementos do mau tempo, animais selvagens, etc., a habitação significa muito mais do que simples elementos de proteção (Sheuya, 2004; Gibb, *et al,* 1999 in Mwakalinga, 2008).

Conceptualmente, a habitação é um conjunto de bens duráveis, para além de ser um pacote de serviços e uma série de fenómenos económicos, sociológicos e psicológicos. A habitação pode ser bem definida quando apreciada como produto e processo (Tibaijuka, 2009). Por um lado, a habitação como produto significa não só o invólucro ou a estrutura das habitações, mas também a sua conceção e o equipamento básico construído, a quantidade e a localização do espaço e as instalações de arrefecimento, aquecimento, iluminação, sanitárias e similares. É também a disposição e o equipamento do bairro, como espaços abertos, parques infantis, ruas, passeios, serviços públicos, infantários e escolas primárias, lojas e outros equipamentos do bairro. Por outro lado, a habitação enquanto processo é mais do que a construção. Inclui a conceção da habitação, a disposição do bairro, as hipotecas e outros financiamentos, o planeamento urbano e regional, as ajudas e empresas de controlo público através de vias como os códigos de construção e de habitação, o seguro de crédito hipotecário e a autoridade de reabilitação da habitação. Inclui manutenção e reparação, remodelação, serviços de proximidade e conservação (Mundelker e Montgomery, 1973 in Tibaijuka, 2009). Uma habitação condigna refere-se aos requisitos básicos mínimos da habitação humana, ou seja, um abrigo adequado, adequadamente localizado, acessível, económico, seguro, que apoie as actividades de subsistência e que permita a sua manutenção e reparação (Programa das Nações Unidas para o Direito à Habitação, 2005 in Mwakalinga, 2008).

Melhoria progressiva ou construção incremental

A construção progressiva, também conhecida como construção incremental, é um processo através do qual as famílias pobres ou as pessoas com baixos rendimentos têm acesso à habitação, acrescentando uma divisão de cada vez. Através deste processo, um agregado familiar pode substituir paredes temporárias de madeira por blocos de cimento e substituir um telhado de zinco gasto por betão armado, enquanto vive na estrutura durante anos (ACCION, 2003). A construção progressiva refere-se ao processo pelo qual a casa é construída por fases, consoante a disponibilidade de recursos/financiamento. As famílias com baixos rendimentos podem adquirir gradualmente um lote de terreno, mais tarde podem comprar blocos de cimento e começar a construir as fundações. A construção das paredes e a colocação do telhado é feita mais tarde, de acordo com a disponibilidade de dinheiro. Os acabamentos, as ampliações e as reparações da casa são todos tipos de construção progressiva que são efectuados durante a ocupação do edifício há já algum tempo.

Conceito de habitação adequada ou de abrigo sustentável

Uma habitação adequada significa mais do que um teto sobre a cabeça. Significa também privacidade adequada; acessibilidade física; segurança adequada; segurança da posse; estabilidade estrutural e durabilidade; iluminação, aquecimento e ventilação adequados; infra-estruturas básicas adequadas, tais como abastecimento de água, saneamento e instalações de gestão de resíduos; qualidade ambiental adequada e factores relacionados com a saúde; e localização adequada e acessível no que diz respeito ao trabalho e às instalações básicas: tudo isto deve estar disponível a um custo acessível. Esta abordagem com todos os elementos mencionados combinados é aqui referida como *abrigo sustentável:* abrigo que é ambientalmente, socialmente e economicamente sustentável porque satisfaz os requisitos de adequação da Agenda Habitat (UN-Habitat, 2005).

3.3. Conceptualização das instituições de microfinanciamento de habitação

A fim de explorar o papel e estabelecer a extensão do apoio das IFHM na facilitação do desenvolvimento da habitação para as pessoas com baixos rendimentos, foram propostas quatro variáveis de investigação, nomeadamente aspectos institucionais, aspectos de gestão das microfinanças de habitação, aspectos dos serviços de apoio à habitação e aspectos das TIC. As variáveis e a sua inter-relação constituem o quadro concetual deste estudo (Nachmias e Nachmias, 1997), tal como apresentado na Figura 3.1.

Fig.3.1. Quadro concetual do estudo

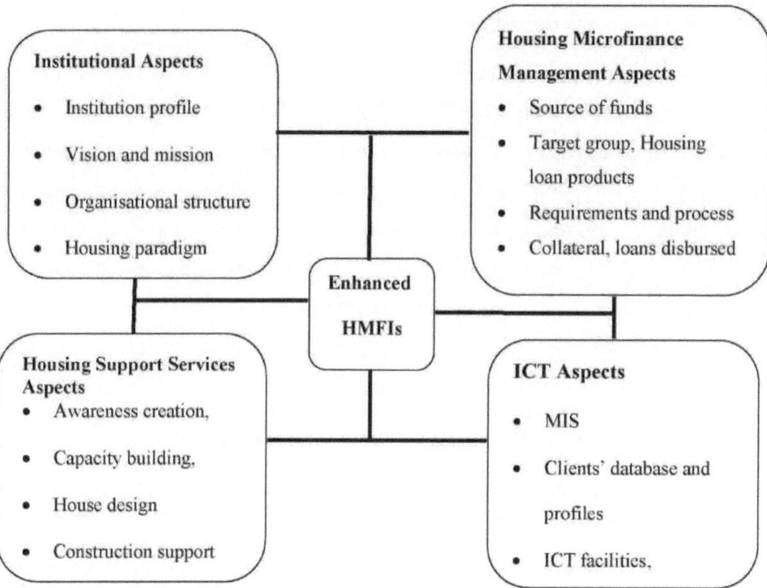

Fonte: construção própria,

3.3.1. Aspectos institucionais

O ambiente institucional é de extrema importância para alcançar a visão e a missão de uma organização. A estrutura organizacional é concebida para garantir que a missão da organização é cumprida e é muito importante observar se a estrutura organizacional se adequa ao objetivo da IFHM. Estruturas organizacionais e de gestão melhores e inovadoras podem otimizar o alcance das IFHMs (Kironde, 2007). Os componentes a serem investigados no âmbito do fator institucional incluem a estrutura organizacional e a capacidade de conceber os produtos de habitação. Kumar *et al* (2007) escreve que

As IFHM diversificam a sua carteira de empréstimos em várias categorias de produtos de habitação, que incluem a reparação de casas, a melhoria de casas, a construção de novas casas, a compra de terrenos e serviços de infra-estruturas. Os actores referem-se a todos os indivíduos envolvidos no negócio de microfinanciamento da habitação. A determinação do montante do empréstimo a conceder depende muito do nível de rendimento do requerente. Kumar *(ibid)* sugere que, para resolver este problema, as IFM podem desenvolver o seu próprio mecanismo de avaliação do nível de rendimento dos seus clientes. Foi avaliado um quadro regulamentar ou jurídico, uma vez que este é crucial para o êxito do alcance e do desempenho das IFHM.

3.3.2. Aspeto da gestão do microfinanciamento da habitação

A gestão é o processo organizacional que inclui o planeamento estratégico, a definição de objectivos, a gestão de recursos, a utilização dos activos humanos e financeiros necessários para atingir os objectivos e a medição dos resultados. Neste caso, o estudo centrou-se na origem dos fundos, na gestão dos empréstimos ou da carteira, nos produtos e processos de empréstimo e nas técnicas de cobrança, no controlo dos reembolsos e nas garantias ou acordos de segurança da posse e na gestão dos riscos dos empréstimos. O impacto do alcance é utilizado para determinar em que medida os serviços ou a assistência prestada pelas IFHM chegaram às pessoas com baixos rendimentos e em que medida esses serviços ajudaram os seus agregados familiares em geral e o crescimento da carteira de habitação.

3.3.3. Aspeto das tecnologias da informação e da comunicação (TIC)

A utilização das TIC é elogiada por ter aumentado a eficiência das IFM. A tecnologia oferece oportunidades significativas para que as IFM alcancem avanços na eficiência. Uma das tecnologias mais promissoras das IFM atualmente disponíveis é o PortaCredit da ACCION, que acelera o processo de pedido e aprovação de empréstimos, permitindo que os funcionários responsáveis pela concessão de empréstimos recolham informação sobre os candidatos em assistentes pessoais digitais portáteis e carreguem diretamente a informação para a base de dados central da IFM (Barton, 2004). Neste estudo, as TIC referem-se à utilização de telemóveis, computadores e o sistema de posicionamento global ou quaisquer outras inovações tecnológicas utilizadas pelas IMF no terreno. A tecnologia adequada e os sistemas de informação de gestão podem contribuir para a eficiência operacional das instituições de microfinanças de habitação (Mills, 2007).

3.3.4. Aspeto dos serviços de apoio à habitação

Os serviços de apoio à habitação (HSS) são definidos como serviços não financeiros oferecidos pelos mutuantes para apoiar os seus mutuários no acesso a habitação de qualidade no processo de microempréstimo à habitação (Finmark, *et al* 2010). Os serviços de apoio à habitação podem incluir o apoio à aquisição de terrenos com posse segura e serviços básicos, o apoio à construção e à edificação, o apoio à educação financeira e jurídica e o apoio pós-construção. Os serviços de apoio à habitação, também designados por assistência técnica para o desenvolvimento da habitação, incluem a análise e a avaliação dos planos de melhoramento da habitação e dos custos, a verificação dos títulos de propriedade, a monitorização da construção e a utilização de pagamentos progressivos com base em inspecções de construção (Kumar *et al,* 2007). Para o caso deste estudo, os serviços de apoio à habitação foram agrupados em criação de consciencialização, reforço de capacidades, conceção de casas e apoio à construção.

CAPÍTULO 4

METODOLOGIA DE INVESTIGAÇÃO

4.1. Introdução

Este capítulo trata da descrição dos métodos aplicados na realização do estudo. Está organizado em design de investigação, estratégia de investigação, processo de investigação, abordagem de investigação, aplicações da estratégia de estudo de caso, unidade de análise mais pequena, métodos de recolha de dados, análise de dados, fiabilidade e validade dos dados.

4.2. Conceção da investigação

A conceção da investigação é entendida como um plano lógico de como conduzir um trabalho de investigação. Representa o planeamento avançado dos métodos a adotar para recolher os dados relevantes e as técnicas a utilizar na sua análise, tendo em conta os objectivos da investigação e a disponibilidade de vários recursos (Kothari, 1990). Neste estudo, é utilizada uma conceção para estruturar a investigação, para mostrar como todas as partes principais do projeto de investigação funcionam em conjunto para tentar responder às questões centrais da investigação. A conceção da investigação refere-se aqui a um conjunto de condições para a recolha e análise de dados de uma forma que visa combinar a relevância com o objetivo ou finalidade geral da investigação. É a estrutura concetual no âmbito da qual a investigação é conduzida. Constitui o plano para a recolha, a medição e a análise dos dados (Kothari, 2004). Assim, a conceção da investigação é uma série de pontos de orientação para manter o investigador na direção certa e um programa que orienta o processo de investigação. É "um plano de ação para chegar aqui e ali", em que aqui está o conjunto inicial de perguntas a responder e ali está um conjunto de conclusões (Nachimias e Nachimias, 1997; Yin, 2003; Sanchez, 1980 in Sheuya, 2004).

4.3. Estratégia de investigação

Sheuya (2004), citando Sanchez (1980), salienta que as estratégias mais comuns utilizadas na investigação em ciências sociais são os inquéritos, as experiências, as histórias e os estudos de caso. Todas elas são utilizadas para explorar, descrever e explicar um fenómeno. Cada abordagem tem a sua própria lógica de recolha e análise de provas empíricas. A seleção de uma determinada estratégia é orientada por três condições: i) o tipo de questões de investigação;

11) o controlo que um investigador tem sobre os acontecimentos comportamentais reais; e iii) a ênfase nos fenómenos contemporâneos em oposição aos fenómenos históricos.

Além disso, a escolha da estratégia de investigação depende em grande medida da natureza da questão ou do problema de investigação. As questões de investigação estão também entre os critérios utilizados na escolha da estratégia. A estratégia de estudo de caso é adoptada para explorar o papel e estabelecer até que ponto as IFHM facilitaram o acesso das pessoas com baixos rendimentos a uma habitação condigna. Isto deve-se ao facto de que "os estudos de caso envolvem uma análise profunda e contextual de situações semelhantes noutras organizações, em que a natureza e a definição do problema são as mesmas que as vividas na situação atual. São particularmente úteis quando se pretende obter uma compreensão aprofundada do estudo" (Adam e Kamuzora, 2008). Ao contrário de outras estratégias como a narrativa, a etnográfica, a teoria fundamentada e a fenomenologia, o estudo de caso permite diferentes ferramentas e recursos de recolha de dados, permitindo a triangulação dos dados para evitar potenciais problemas de validação da informação (Yin, 2003).

Sheuya (2004), citando Patton (1987), argumenta que: "*Os estudos* de caso *tornam-se particularmente úteis quando é necessário compreender alguns problemas ou situações particulares em grande profundidade e quando é possível identificar casos ricos em informação - ricos no sentido de que se pode aprender muito com alguns exemplos do fenómeno em questão*".

Além disso, Kothari (1990) afirma que o método de estudo de caso é uma forma de análise qualitativa em que é feita uma observação cuidadosa e completa de um indivíduo, de uma situação ou de uma instituição, em que são feitos esforços para estudar todos e cada um dos aspectos da unidade em causa em pormenor e em que, a partir dos dados do caso, são feitas inferências generalizadas. No entanto, o fenómeno estudado é essencialmente contemporâneo e envolve uma investigação empírica no seu contexto de vida real, utilizando múltiplas fontes de provas (Robson, 1993 in Kyessi, 2002).

4.4. Processo de investigação

O processo de investigação é o esquema global de actividades em que os cientistas se envolvem para produzir conhecimento; é um paradigma da investigação científica (Nachmias e Nachmias, 1997). O processo empreendido neste estudo é de natureza cíclica; começou com a identificação da questão ou problema de investigação, que dependeu da revisão da literatura e da motivação. Seguiu-se a formulação dos objectivos da investigação, a revisão das teorias relevantes e a concetualização do papel das instituições em estudo, após o que se procedeu à seleção da metodologia de investigação. Finalmente, foram tiradas conclusões e feitas recomendações. A Figura 4.1 apresenta o processo de investigação que foi seguido.

Figura 4.1: Processo de investigação

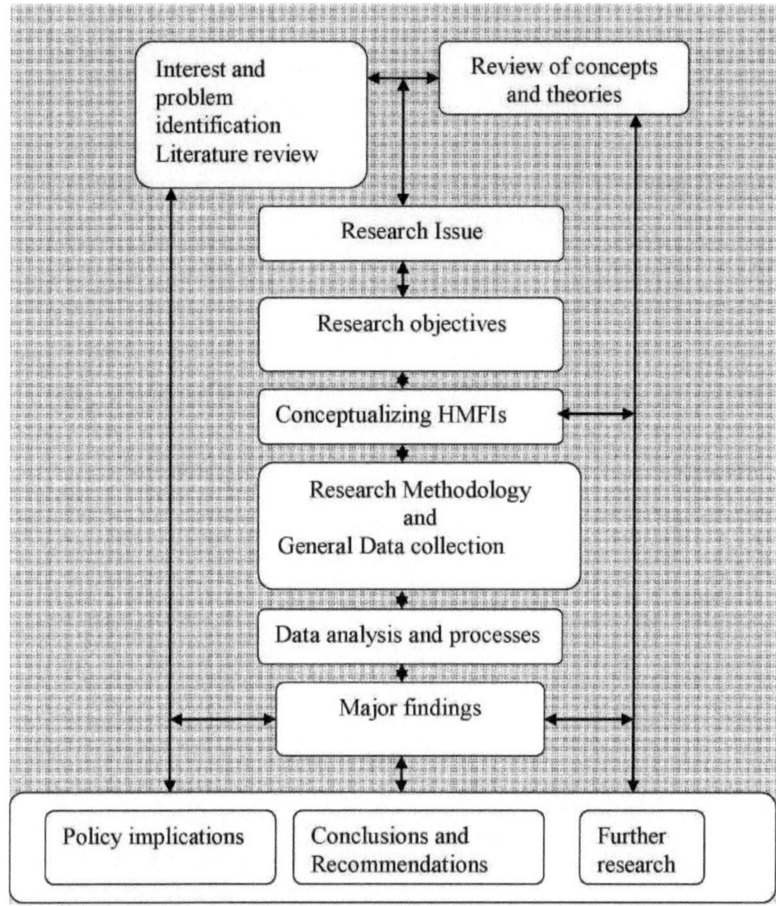

Source: Own construct,

4.5. Abordagem de investigação

As abordagens qualitativa e quantitativa são ambas adoptadas para determinar em que medida as IMF prestam serviços de apoio à habitação às famílias de baixos rendimentos e para explorar o seu papel. Yin (2003) argumenta que a abordagem qualitativa tem em conta a subjetividade, dados ricos e profundos, uma vez que é orientada para a descoberta, exploratória, descritiva e orientada para o processo, enquanto a abordagem quantitativa analisa e apresenta dados em quantidades. É objetiva, procura factos de fenómenos sociais e dados replicáveis sob a forma de números a serem quantificados para assumir uma realidade estável (Blaster *et al,* 2005).

4.6. Aplicações da estratégia de estudo de caso

O processo ou lógica de seleção de estudos de caso através de métodos quantitativos e qualitativos é total e completamente diferente. Por um lado, os métodos quantitativos visam selecionar uma amostra verdadeiramente aleatória e representativa que permita a generalização da amostra para uma grande população. Por outro lado, o principal objetivo dos métodos qualitativos é obter a maior quantidade de informação possível sobre um determinado problema ou fenómeno. Isto significa que o investigador tem de procurar casos ricos em informação, que Patton define como aqueles a partir dos quais se pode aprender muito sobre questões de importância central (Patton, 1987).

Stake (1995), tal como citado em Sheuya (2004), também argumenta que a escolha de escolher o caso que nos parece ter o maior potencial de aprendizagem é um critério diferente e por vezes superior à representatividade. Muitas vezes, é preferível aprender muito com um caso típico do que com um caso magnificamente típico. Foi adotado um estudo de casos múltiplos na seleção dos casos aprofundados para o estudo, tendo sido aplicados os seguintes critérios:

i) *Etapa I: Critérios de eliminação:* a partir do diretório de todas as IFM existentes em Dar es Salaam, foram retiradas da lista de estudo as que não lidavam com qualquer componente de produtos de habitação.

ii) *Etapa II: Critérios de inclusão no estudo pormenorizado:* de acordo com o interesse do estudo, uma instituição que disponha de um programa de microfinanciamento no sector da habitação tinha de preencher cinco condições. A Tabela 4.1 resume as condições para uma instituição ser selecionada como estudo de caso e a Tabela 4.2 apresenta as pontuações obtidas por cada instituição envolvida na seleção do estudo de caso.

Tabela 4. 1: Condições para a inclusão de instituições no estudo de caso pormenorizado

Não	Critérios	Pontos
1	Serviços financeiros no sector da habitação para pessoas com rendimentos baixos e médios	10
2	Operou durante uma década no sector do financiamento da habitação	8
3	Ter uma maior carteira de empréstimos à habitação	6
4	Cobertura geográfica	4
5	Nível de crescimento dos beneficiários assistidos	2

Fonte: Construção própria

Quadro 4. 2: Matriz de ponderação

S/N	Instituição	Ponderação					
		1	2	3	4	5	Pontuação total
1	TAWLAT	8	4	3	2	1	18
2	Habitat for Humanity Tanazânia	10	8	5	4	2	29
3	WAT-SACCOS	10	8	4	2	2	26
4	WAT-HST	10	8	3	2	1	24
5	Centro de Iniciativas Comunitárias	5	4	4	3	1	17
6	Banco AKIBA	7	4	3	2	1	17

Fonte: Construção própria

Justificação dos estudos de caso selecionados

Várias instituições foram eliminadas de acordo com critérios definidos e, finalmente, a Habitat for Humanity Tanzania e a WAT-SACCOS Housing Microfinance foram selecionadas depois de terem obtido uma pontuação mais elevada do que outras instituições que estão a responder às necessidades de financiamento de habitação das pessoas com baixos rendimentos. Foi adoptada uma abordagem de casos múltiplos para tornar o caso robusto. A seleção de casos múltiplos foi feita de forma discricionária, com base na analogia e no nível de certeza com que o investigador estava convencido de que havia informação válida e fiável sobre as IMF em Dar es Salaam (Yin, 2003).

4.7. A mais pequena unidade de análise

O objetivo de determinar as unidades de análise é poder fazer uma declaração no final do estudo. Neste estudo, a afirmação está relacionada com o papel e a medida em que as IFM que oferecem pequenos empréstimos para a construção de habitações ajudaram as pessoas de baixos rendimentos a melhorar as suas condições de habitação, através da orientação dos objectivos e das perguntas da investigação. Para compreender a unidade de análise, é necessário definir o que é um "caso". Isto deve-se ao facto de o "caso" ser também a unidade de análise (Miles e Huberman, 1994:24, Yin, 1994, Denzin e Lincoln, 1994). De acordo com Patton, as unidades de análise dependem da decisão prévia sobre o foco do estudo. As unidades de análise podem incluir pessoas individuais, famílias, pequenos grupos, subculturas, organizações formais, agências ou comunidades, bairros, cidades, estados e até nações se o estudo for sobre programas internacionais (Patton, 1987). Ao identificar a unidade de análise, Patton argumenta o seguinte: *"O fator chave na seleção e tomada de decisões sobre a unidade de análise apropriada é decidir qual a unidade sobre a qual se quer poder dizer alguma coisa no final da avaliação (Patton 1987:51 in Lupala, ibid").*

As unidades de análise mais pequenas são referidas como sub-casos nos estudos de caso para a investigação. A fim de explorar o papel da Habitat for Humanity Tanzania e da WAT-SACCOS e determinar em que medida as instituições facilitaram a melhoria das condições de habitação das pessoas com rendimentos baixos e médios, 10% dos beneficiários de empréstimos à habitação cujas condições de habitação foram melhoradas foram considerados como unidades de análise e algumas unidades foram consideradas como subcasos (Patton, 1987).

Foi utilizada a amostragem por objetivo ou por julgamento para selecionar os subcasos que deviam ser investigados. Este método baseia-se no julgamento do investigador relativamente às caraterísticas da amostra representativa. A estratégia consiste em selecionar unidades que são consideradas típicas da população sob investigação (Bless e Higson-Smith, 1995). Os subcasos foram selecionados devido à sua singularidade e ao tipo de desenvolvimento ou melhoria que realizaram.

4.8. Métodos de recolha de dados

Uma estratégia de estudo de caso defende a utilização de múltiplas fontes de dados e métodos de recolha de dados [Kombe, (1995) in Kyessi, (2002)]. Yin (1994) apresenta uma panorâmica de seis métodos: entrevistas, observação direta, documentação, registos de arquivo, observação participante e artefactos físicos. Além disso, Yin continua a referir que a lista pode, no entanto, ir além das seis fontes mencionadas e incluir outras, como filmes, fotografias, cassetes de vídeo, etnografia de rua e histórias de vida. De acordo com Kothari (1990), existem vários métodos de recolha de dados primários, particularmente na investigação descritiva e de inquérito. Para mencionar apenas alguns: método de observação, método de entrevista, através de questionários, e outros métodos.

A recolha de dados foi efectuada em duas fases distintas, nomeadamente o estudo institucional ou de gabinete e o estudo de campo. O estudo de gabinete implicou a recolha de dados nos escritórios da HFHT e da WAT-SACCOS, enquanto o estudo de campo implicou a recolha de dados nas áreas selecionadas onde residiam os clientes activos. Vários factores, especialmente a natureza, o âmbito e o objeto do inquérito, a disponibilidade de fundos para a investigação, o fator tempo e o grau de precisão necessário, determinaram a seleção dos seguintes métodos de recolha de dados:

4.8.1. Análise documental

De acordo com Yin (1994) em Sheuya (2004:63), os estudos de caso são susceptíveis de beneficiar de informações contidas numa variedade de documentos, tais como

i) Cartas, memorandos e outros comunicados;

ii) Ordens de trabalho, anúncios e actas de reuniões, bem como outros documentos internos;

iii) Estudos ou avaliações formais do mesmo "sítio" em estudo; e finalmente

iv) Recortes de jornais e outros artigos publicados nos meios de comunicação social.

Yin adverte ainda os investigadores para terem cuidado ao utilizarem provas documentais, porque *foram escritas com um objetivo específico e para um público específico diferente do do caso que está a ser estudado (ibid).* No caso desta investigação, foram analisados vários documentos que contêm informação relevante sobre a habitação e os pobres urbanos, o financiamento da habitação e as IMFs para a habitação nos países em desenvolvimento, incluindo a Tanzânia e Dar es Salaam em particular, antes, durante e depois do trabalho de campo.

4.8.2. Método de entrevista

O método de recolha de dados por entrevista envolve a apresentação de estímulos verbais e a resposta em termos de respostas orais. Este método pode ser utilizado através de entrevistas pessoais e, se possível, através de entrevistas telefónicas, que não serão discutidas e utilizadas neste estudo. (a) Entrevista pessoal: este método requer que uma pessoa, designada por entrevistador, faça perguntas geralmente em contacto direto com a(s) outra(s) pessoa(s), designada(s) por entrevistado(s). O método de recolha de informações através de entrevistas pessoais é geralmente efectuado de forma estruturada. Estas entrevistas implicam a utilização de perguntas pré-determinadas e técnicas de registo altamente padronizadas.

Assim, numa entrevista estruturada, o entrevistador segue um procedimento rígido, fazendo as perguntas segundo a forma e a ordem prescritas. Por outro lado, *as entrevistas não estruturadas* caracterizam-se por uma flexibilidade de abordagem das perguntas. As entrevistas não estruturadas não seguem um sistema de perguntas pré-determinadas e técnicas padronizadas de registo de informações. Aqui o entrevistador tem muito mais liberdade para fazer, em caso de necessidade, perguntas suplementares ou, por vezes, pode omitir certas perguntas se a situação assim o exigir [Norman, K.D. and Yvonna, S.L. (eds), (1994)].

4.8.3. Entrevista com informadores-chave

Trata-se de uma entrevista especial com algumas pessoas identificadas como potenciais fornecedores de informações suficientemente aprofundadas sobre o assunto que está a ser investigado. Estas pessoas foram identificadas durante entrevistas formais ou ocasionais. O Diretor Nacional, o Gerente da Sucursal, quatro funcionários de crédito, um secretário administrativo e um funcionário da receção estavam entre os informadores-chave que forneceram dados muito úteis para o estudo da Habitat for Humanity Tanzânia como primeiro estudo de caso. No segundo estudo de caso, o Diretor do WAT-SACCOS e dois funcionários responsáveis pelos empréstimos, o Diretor Executivo do WAT-HST, o Diretor Técnico, o Coordenador de Microfinanças de Habitação, o Funcionário de Administração e Finanças, o Funcionário de Desenvolvimento de Habitação, os Funcionários responsáveis pelos créditos e o Técnico formaram o outro grupo de informadores-chave, para além dos inquiridos dos 3 a 5 subcasos selecionados em cada estudo de caso.

4.8.4. Método de observação

Marshall e Rossman (1999) in Sheuya (2004) definem a observação como a anotação e o registo sistemáticos de acontecimentos, comportamentos e artefactos (objectos) no contexto social escolhido para o estudo. Este método torna-se um instrumento científico e o método de recolha de dados para o investigador, quando serve um objetivo formulado, é sistematicamente planeado e registado e é sujeito a verificações e controlos de validade e fiabilidade. No âmbito do método de observação, a informação é procurada através da observação direta do próprio investigador, sem perguntar aos inquiridos. O método é aplicado neste estudo para observar os desenvolvimentos físicos efectuados pelas IFH.

4.8.5. Fotografar

Foram tiradas fotografias que ilustram as casas e as infra-estruturas e serviços básicos financiados através do microfinanciamento. Estas fotografias ajudam a documentar a situação real e as qualidades espaciais das habitações financiadas por microfinanciamento.

4.8.6. Mapeamento

Os mapas fornecem ilustrações espaciais da distribuição das questões em estudo. Por conseguinte, foram mapeadas as povoações ou bairros onde as casas foram melhoradas ou construídas com um empréstimo de uma IMF e outras casas existentes.

4.9. Análise de dados

As técnicas de recolha de dados empíricos requerem um tipo de abordagem de análise de dados mista. Ao fazer a análise qualitativa com base nas provas provenientes de fontes primárias e secundárias, foram feitos esforços para compreender e interpretar corretamente os dados recolhidos.

As referências relevantes às fontes de informação e as citações apropriadas são apresentadas sempre que necessário. Para a análise estatística, foram criados quadros, diagramas e gráficos a partir do questionário ou dos guias de entrevista, utilizando folhas de cálculo ou o Microsoft Excel. Foram utilizadas técnicas de Sistema de Informação Geográfica (SIG) e o software ArchGIS para produzir mapas para análise e descrição.

4.10. Fiabilidade dos dados

Lupala (2002), citando Bell (1993) e Hammnersley (1992), refere-se à fiabilidade como a medida em que um procedimento produz resultados semelhantes em condições constantes. Implica o grau de consistência com instâncias atribuídas ao mesmo observador em diferentes ocasiões. Yin (2003) sugere a utilização de duas ferramentas durante a recolha de dados: a utilização de um protocolo de estudo de caso e a criação de uma base de dados de estudo de caso. Alguns dos tópicos importantes do protocolo de estudo de caso incluem uma visão geral do que está a ser investigado, procedimentos de campo, questões de estudo de caso e guia para o relatório de estudo de caso. As duas ferramentas sugeridas foram utilizadas para que a fiabilidade e a validade pudessem ser asseguradas no final do estudo.

4.11. Validade dos dados

O julgamento subjetivo do investigador no processo de recolha de dados pode afetar a conclusão de um estudo (Yin, 1994). Para evitar esta situação, a validade dos dados foi assegurada através da realização de entrevistas nas áreas do projeto onde as instituições estão localizadas e os beneficiários dos empréstimos residem e onde os produtos habitacionais podem ser observados. O principal objetivo de estabelecer a validade externa é confirmar que o fenómeno em estudo, os processos identificados e as conclusões tiradas podem ser generalizados para além dos casos e também podem ser alargados para incluir outros (Lupala, 2002 citando Kombe, 1995; Lerise, 1996 e

Majani 2000). A validade interna e a fiabilidade foram asseguradas utilizando vários métodos de recolha de dados para permitir a triangulação e a verificação cruzada dos resultados. A validade refere-se ao grau de exatidão. A comparação dos resultados com os casos analisados e com a experiência também foi efectuada para garantir a validade interna e externa.

4.12. Limitações do estudo

O processo de elaboração desta dissertação não poderia deixar de enfrentar alguns desafios e limitações, que no entanto foram estrategicamente geridos para garantir a conclusão do relatório. A realização de dois estudos de caso obrigou o investigador a prolongar o tempo para a conclusão da dissertação. Este prolongamento teve algumas implicações financeiras para o investigador que teve de terminar os estudos, apesar do fim da bolsa. Os poucos recursos financeiros que ficaram nas mãos do investigador e algum apoio de amigos e familiares permitiram a conclusão do relatório.

CAPÍTULO 5

HABITAT PARA A HUMANIDADE TANZÂNIA

5.1. Introdução

Este capítulo descreve a Habitat for Humanity Tanzania (HFHT), centrando-se nos seus aspectos institucionais, nos aspectos da gestão do microfinanciamento da habitação, nos aspectos dos serviços de apoio à habitação e nos aspectos das tecnologias de informação e comunicação.

5.2. Aspectos institucionais

5.2.1. Perfil institucional

A Habitat for Humanity Tanzania (HFHT) é uma filial da Habitat for Humanity International (HFHI), um ministério cristão ecuménico sem fins lucrativos para a habitação. A HFHT é uma ONG registada em 24th de novembro de 1995 ao abrigo do Societies Ordinance de 1954 com o número de registo SO.8677. Enquanto ONG, a HFHT está em conformidade com a Lei das Organizações Não Governamentais de 2002, com o número de registo 1863. A Habitat for Humanity Tanzania (HFHT) trabalha no sector da habitação de baixo custo há quase 25 anos. Desde 1986, a HFHT tem estado ativa no país e conseguiu construir mais de 2 300 casas em todo o país, utilizando uma abordagem de entrega que foi descontinuada devido ao fraco desempenho financeiro e ao reduzido alcance. Em 2008, definiu a sua atividade principal como o financiamento de habitação a preços acessíveis e redefiniu-se como um programa de microfinanciamento de habitação. O HFHT utiliza o microfinanciamento da habitação como mecanismo de distribuição de habitação. Este mecanismo responde a um estrangulamento no financiamento do processo de habitação de agregados familiares com baixos rendimentos. O programa de microfinanciamento da habitação foi concebido para se alinhar e apoiar processos de construção incrementais que são comuns entre as populações urbanas pobres de todo o mundo e também típicos dos contextos urbanos e peri-urbanos da Tanzânia. Enquanto instituição centrada na habitação, o microfinanciamento da habitação do HFHT foi concebido para melhorar as condições de vida através do financiamento de habitação a preços acessíveis.

5.2.2. Visão e missão

A Habitat for Humanity Tanzânia está associada à Habitat for Humanity International (HFHI) através de um acordo de licenciamento e é uma entidade com a marca HFHI. A missão da HFHI é declarada da seguinte forma: "*A Habitat para a Humanidade trabalha em parceria com Deus e com pessoas de todos os quadrantes da sociedade, para desenvolver comunidades com pessoas necessitadas, construindo e renovando casas para que haja casas decentes em comunidades decentes, nas quais cada pessoa possa experimentar o amor de Deus e possa viver e crescer em tudo o que Deus pretende".*

A HFHT partilha a missão da HFHI e apoia-a através do programa de microfinanciamento de habitação da HFHT. A HFHT cumpre o programa da HFHI e os padrões e requisitos financeiros e está alinhada com os objectivos e iniciativas estratégicos da HFHI. O objetivo geral do programa de microfinanciamento da habitação da HFHT é alargar o acesso ao financiamento da habitação a preços acessíveis em toda a República Unida da Tanzânia, com a missão de melhorar as condições de vida através do aumento do acesso ao financiamento da habitação a preços acessíveis.

5.2.3. Estrutura organizacional

A atual estrutura organizacional do HFHT foi concebida com o objetivo de facilitar a implementação do programa-piloto de habitação. Enquanto o conselho de administração tem o mandato de supervisionar a gestão de toda a organização, o diretor nacional lidera e gere a execução do programa. Enquanto o gestor do programa supervisiona as operações quotidianas do programa de habitação no terreno, os responsáveis pelo crédito ou pelos empréstimos asseguram o êxito do programa, na medida em que mantêm uma relação estreita com os clientes activos. A figura 5.1 mostra a inter-relação entre o pessoal no terreno e o pessoal da sede.

Figura 5. 1: Estrutura organizacional

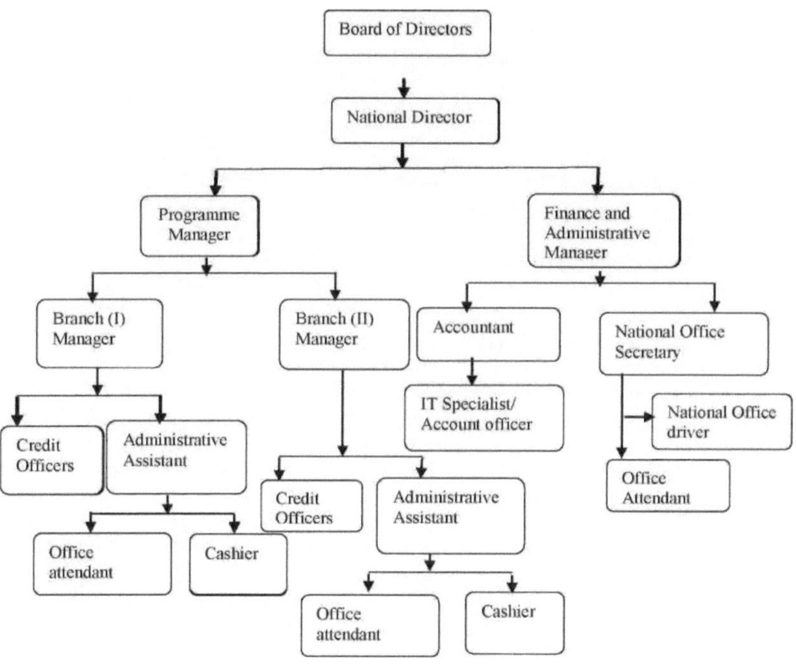

Fonte: Manual de Operações do HFHT, 2009

5.2.4. HFHT Mudança de paradigma na habitação

No que respeita à oferta de habitação a preços acessíveis a pessoas com baixos rendimentos, há décadas que vigoram dois paradigmas distintos. O primeiro, que pode ser designado por *paradigma da provisão,* é o que tem sido dominante na história da habitação e continua a ser o mais praticado. Na sua forma mais simples, o paradigma da provisão sustenta que, se o objetivo é reduzir o défice habitacional e melhorar a qualidade das casas, então as autoridades públicas e/ou os promotores formais ou privados têm de controlar a produção de casas. A maioria dos governos e a maioria dos gestores de habitação continuam a defender, em privado, o paradigma do fornecedor. No entanto, este paradigma tem vindo a cair progressivamente em desgraça junto da maioria dos financiadores e dos académicos, uma vez que quanto mais os governos construíam casas, menos pareciam conseguir, porque quanto mais construíam, mais procura criavam - e quanto mais precisavam de construir, mais cresciam, pelo que mais tinham de construir para equilibrar as suas contas e legitimar o seu objetivo, tanto social como politicamente. Quanto mais cresciam, mais energia e dinheiro consumiam, até que progressivamente ficavam sem ambos (Hamdi, 1975 in Sheuya, 2004). Tradicionalmente, o HFHT tem sido uma organização prestadora de serviços, concentrando-se na construção de casas, geralmente com um padrão de qualidade aceite, a fim de melhorar a habitação. As soluções de fornecimento tendem a gravitar em torno de projectos padronizados, processos formais e construção de unidades habitacionais completas. Através desta abordagem, a Habitat conseguiu facilitar quase 2.300 projectos de construção de habitações ao longo de 22 anos de operações na Tanzânia, servindo assim cerca de 70 famílias por ano apenas. As taxas de reembolso eram muito baixas e o fundo da Habitat era fraco. A organização descobriu que a forma como estava a fazer habitação não era totalmente eficaz no contexto local; a partir daí, foi adotado o *paradigma do apoiante*.

O recente plano estratégico da HFHI, no entanto, começou a mostrar uma visão mais ampla das abordagens habitacionais que também reflectem os Aspectos do *paradigma do apoiante.* O plano inclui a mudança dos sistemas que afectam a habitação a preços acessíveis e a mobilização de capital para o mercado da habitação a preços acessíveis, o que faz com que o Habitat, enquanto construtor, passe a ser também um catalisador da mudança no ambiente geral da habitação. Com a adoção do programa de microfinanciamento da habitação, o HFHT sofreu uma mudança de paradigma na forma como aborda a habitação. Em vez de construir casas, oferece agora financiamento de habitação a preços acessíveis para apoiar a construção feita por indivíduos. A organização acredita que "o que os pobres precisam é de capital e não de caridade"; assim, fornece esse capital sob a forma de empréstimos para a melhoria da habitação, apoiando os esforços habitacionais em curso dos indivíduos com baixos rendimentos. O HFHT adoptou as intervenções de apoio que geralmente tentam libertar os recursos necessários para melhorar a habitação. Com esta abordagem, a entidade concentra-se no apoio à construção progressiva e dá ênfase à habitação como um processo para o agregado familiar individual, em vez de a considerar um bem de consumo. O HFHT, tal como outros apoiantes, ajuda outras pessoas a construir, deixando muitas vezes o controlo aos próprios moradores ou promotores para conceberem e gerirem os seus projectos de habitação.

Um estudo de mercado realizado pelo HFHT revelou que não havia nenhuma outra organização semelhante que tivesse iniciado até agora alguns programas para satisfazer as necessidades e a procura de habitação melhorada no município de Temeke, particularmente nas cinco alas de operações selecionadas. De facto, as pessoas com baixos rendimentos continuaram a construir as suas casas por si próprias, à medida que os fundos se tornavam disponíveis, em vez de esperarem pela ajuda à habitação que nunca lhes chegava. Este é o motivo que levou o HFHT a conceber *o MAKAZI BORA* como um programa de microfinanciamento de habitação - uma resposta que permitirá às pessoas de baixos rendimentos avançar com os seus projectos de melhoramento e construção de casas.

O principal produto de empréstimo da Habitat for Humanity Tanzânia no sector do crédito a retalho é o empréstimo para melhoramento de casas, denominado *MAKAZI BORA*, e destina-se a clientes que iniciaram o processo de melhoramento ou construção de casas. O empréstimo não se destina a iniciar novas construções ou a construir casas completas, mas complementa os esforços de construção incrementais comuns ao grupo-alvo de agregados familiares que ganham um equivalente a 1 a 5 dólares por dia. Este grupo-alvo é geralmente excluído dos sistemas financeiros formais e não se qualificaria para empréstimos hipotecários de instituições financeiras formais.

5.3. Microfinanciamento da habitação Aspectos de gestão

5.3.1. Origem dos fundos

Carteira de habitação

Os donativos da IHAC são atualmente a principal fonte de financiamento do programa de microfinanciamento *Makazi Bora* Housing. No entanto, para alcançar a sustentabilidade financeira nos próximos anos de funcionamento, a HFHT está a planear obter empréstimos de instituições financeiras a uma taxa preferencial e/ou a uma taxa comercial, se não for possível uma taxa preferencial. Atualmente, a organização conseguiu assegurar um orçamento total de 700 000 USD para o funcionamento do *Makazi Bora*, dos quais 420 000 USD se destinam especificamente ao desenvolvimento de habitações e 280 000 USD a custos administrativos para facilitar o bom funcionamento do programa. Por outras palavras, 60% do orçamento total é afetado à concessão de empréstimos para a melhoria das habitações no primeiro ano de funcionamento.

Figura 5. 2: Orçamento do programa

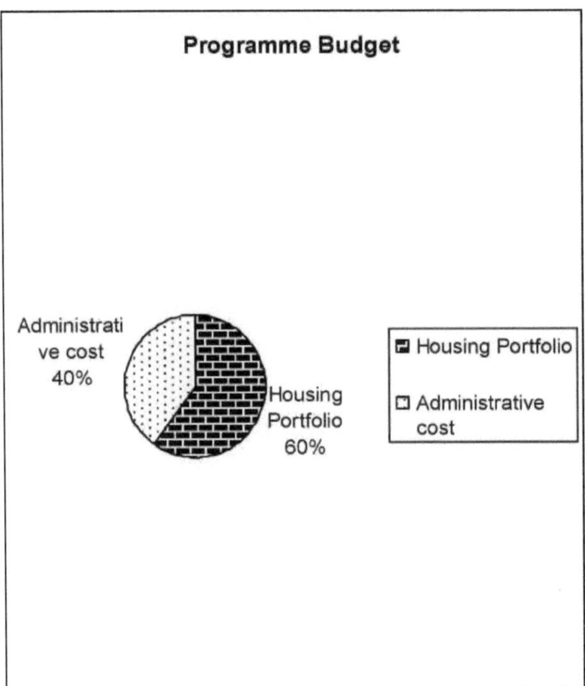

Fonte: Trabalho de campo, 2009

Actividades de subsistência dos clientes activos

Foi revelado que 89% dos clientes activos entrevistados que beneficiaram de empréstimos para a melhoria da habitação estão envolvidos no sector informal, que inclui pequenos comerciantes, nomeadamente inquilinos de casas, vendedores, vendedores de carvão, *mama* e *baba* lishe, carpinteiros, vendedores de mobiliário, pequenos retalhistas, vendedores de peixe, fabricantes de blocos de cimento, vendedores de quiosques locais, remessas, agricultores e vendedores de vegetais, entre outros. 7% dos entrevistados estão empregados no sector formal, especialmente nos serviços militares, forças policiais, professores, organizações para-estatais e funcionários da administração local, enquanto 4% deles estão empregados no sector privado, nomeadamente organizações religiosas, estações de serviço, motoristas de carga e ONGs.

5.3.2. Grupo-alvo e produtos de crédito à habitação

Grupo-alvo

Os grupos-alvo do empréstimo para melhoramento da habitação Makazi Bora são as famílias que estão ativamente envolvidas num processo doméstico que pode ser descrito da seguinte forma:

- Têm um rendimento familiar per capita inferior ao equivalente a 5,00 USD por dia
- Têm um projeto de melhoramento de uma casa existente num lote de terreno com uma segurança razoável
- Vivem nas zonas de atividade formalmente definidas do ramo de crédito a particulares do HFHT.

Produtos de crédito à habitação

O programa de microfinanciamento de habitação da Habitat for Humanity Tanzânia, através do produto *Makazi Bora,* oferece várias categorias de utilização de empréstimos que o tornam útil e relevante para uma grande variedade de projectos incrementais de melhoramento da casa das famílias. Os produtos de habitação oferecidos no âmbito do produto *Makazi Bora* são:

Conclusão da casa: Isto representa novas estruturas que ainda não foram ocupadas pelos clientes do empréstimo. O empréstimo *do Makazi Bora* é utilizado para completar a casa para ocupação ou para trabalhar no sentido de atingir o objetivo de ocupação. Trata-se de um processo de construção incremental comum que começa com a aquisição gradual de blocos de cimento e a construção das fundações e paredes de uma estrutura como forma de mecanismo de poupança em géneros.

Acabamento da casa: O acabamento consiste em acrescentar novos componentes a uma estrutura existente e ocupada. O acabamento inclui pisos, reboco e ligações eléctricas. Trata-se de uma forma comum de construção progressiva, em que a pessoa pobre ocupa uma estrutura antes de esta estar completamente acabada, continuando o processo à medida que a casa vai sendo utilizada.

Ampliação da casa: A ampliação é outra forma de construção progressiva, em que os proprietários concluem uma pequena casa e, posteriormente, acrescentam divisões adicionais à medida que a dimensão da família aumenta ou quando surgem necessidades adicionais. O empréstimo *Makazi Bora* pode ser utilizado para acrescentar divisões para fins de aluguer ou de negócio em casa.

Reparações domésticas: As reparações implicam a substituição ou a melhoria dos componentes existentes de uma casa ocupada, tais como telhas ou portas e janelas velhas. O HFHT acredita que as reparações podem aumentar a segurança de um agregado familiar e dos seus meios de subsistência, uma vez que o aumento da densidade urbana está frequentemente associado a um aumento da criminalidade.

Estruturas auxiliares: O empréstimo pode ser utilizado para construir estruturas auxiliares, tais como latrinas ventiladas de fossa melhorada, cozinhas exteriores e alojamentos para jovens.

Utilizações negociadas do empréstimo: Este empréstimo foi concebido de forma a que os clientes sejam livres de propor outras utilizações para os empréstimos *Makazi Bora* relacionados com a habitação; pode ser utilizado para a compra de um terreno ou para a compra de uma estrutura existente.

5.3.3. Requisitos para a concessão de empréstimos

Elegibilidade, termos e condições

O programa de microfinanciamento *Makazi Bora* Housing concede um montante total que varia entre 200 000 e 1 500 000 xelins tanzanianos para os produtos de empréstimo à habitação concebidos, por um período que varia entre 6 e 24 meses, com pagamento mensal. A taxa de juro é fixada em 5% fixos, mas se o empréstimo tiver sido utilizado como previsto após verificação, a taxa de juro desce até 2,5% se não tiver sido registado qualquer desvio. A organização estabeleceu também um período de carência de um mês para que os clientes se preparem para pagar os seus empréstimos. Outros requisitos incluem garantia de segurança de 8%, multa de 1% do total da prestação por dia, seguro de empréstimo de 1% por ano e emissão do empréstimo através de cheque. É necessário registar-se primeiro com 20 000 TShs para se tornar um membro ativo. Não é necessário fazer parte de um grupo de pessoas para ter acesso a um empréstimo, uma vez que *Makazi Bora* adoptou a metodologia de empréstimo individual para dar aos seus clientes a liberdade de se juntarem ao movimento e solicitarem um empréstimo para melhoria da casa. O potencial cliente é obrigado a mostrar a prova do seu emprego formal, por exemplo, um recibo de salário para confirmar o seu estatuto de emprego. Além disso, os clientes devem provar que são proprietários dos seus terrenos e casas.

Análise da acessibilidade económica dos clientes activos

O critério de acessibilidade concebido para o programa de Microfinanças Habitacionais *Makazi Bora* é que a prestação a ser paga pelos clientes activos não deve ser superior a 25% do rendimento total do agregado familiar e/ou 40% do peso total da dívida para a combinação dos termos do montante do empréstimo selecionado. O rendimento do agregado familiar é calculado através da soma de todos os rendimentos provenientes de negócios, salários e outras actividades-chave de subsistência, enquanto o rendimento per capita do agregado familiar por dia é calculado através da soma do rendimento mensal total, dividido por 30 dias de um mês, sobre o número de membros do agregado familiar, o que pode ser escrito numa fórmula matemática como se segue:

$$C = \frac{M/30}{N}$$

Onde:

C refere-se ao agregado familiar per capita por dia

M representa o rendimento mensal total durante 30 dias

N representa o número de membros do agregado familiar

Neste estudo, o rendimento per capita do agregado familiar foi categorizado em quatro grupos que são o rendimento per capita de ou menos de 2 USD, o rendimento per capita de mais de 2,00 USD até 3,00 USD, o rendimento per capita de mais de 3,00 USD até 5,00 USD e o último grupo de mais de 5,00 USD por dia. O estudo revelou que dos 222 clientes activos, o seu rendimento familiar per capita é o seguinte:

i) Rendimento per capita dos clientes activos igual ou inferior a 2 USD por dia 16%

ii) Rendimento per capita dos clientes activos superior a 2 USD - 3 USD por dia por dia 23%

iii) Rendimento per capita dos clientes activos superior a USD 3,00 - USD 5,00 por dia por dia 31%

iv) Rendimento per capita dos Clientes Activos superior a 5 USD por dia, por dia 30%

5.3.4. *Makazi Bora* processo de empréstimo

Fase 1: Pré-pedido de empréstimo: Esta fase é definida como a interação com as pessoas que vivem na área de intervenção, mas que ainda não são clientes do HFHT. Os objectivos desta fase incluem informar os potenciais clientes sobre os produtos e serviços da Habitat para a Humanidade, informar os potenciais clientes sobre se podem ser elegíveis para um empréstimo *Makazi Bora*, bem como garantir que os potenciais clientes tomaram uma decisão informada antes do registo, com base em informações precisas sobre o empréstimo e as suas condições.

Fase 2: Registo do cliente

Nesta fase, o potencial cliente paga uma taxa de inscrição, recebe um número único e, uma vez inscrito, torna-se membro do HFHT, independentemente de ter ou não um empréstimo ativo nesse momento. A fase de registo tem como objetivo, entre outros, não só estabelecer o compromisso do cliente, mas também recolher informações importantes sobre o cliente para efeitos de identificação pessoal e de relatórios futuros. Nesta fase, o cliente recebe os formulários e as informações necessárias para solicitar os empréstimos, que constam de um pacote de boas-vindas. O pacote de boas-vindas contém os seguintes formulários: informações de contacto do gestor de crédito, formulário de orçamento do projeto, formulário de fiador, formulário de declaração de garantia, formulário de referência, formulário de verificação do terreno, explicação do processo de candidatura e documentos, princípios do cliente, procedimento e formulários de reclamação e feedback.

Etapa 3: Pedido de empréstimo

A fase de candidatura é a mais longa, envolvendo parte do processo de empréstimo. Começa depois de o cliente ter preparado um orçamento para o projeto de melhoramento da casa e envolve o técnico de crédito designado a trabalhar com o cliente para avaliar o projeto, os rendimentos e as garantias do cliente enquanto prepara um pedido de empréstimo. Uma componente essencial da fase de candidatura é o facto de o cliente e o responsável pelo crédito determinarem as condições do empréstimo que serão apresentadas ao comité de crédito para aprovação.

Fase 4: Aprovação do empréstimo

Os empréstimos são aprovados por um comité de crédito composto por um mínimo de 3 pessoas. O comité de crédito reúne-se de duas em duas semanas, geralmente à sexta-feira. O atual comité de crédito para o período-piloto é composto pelo Diretor Nacional, pelo Gestor de Programas e pelo Contabilista, tendo como suplentes o Assistente de Contas da Sucursal e especialistas em TI. No futuro, prevê-se que a composição seja alterada para corresponder às mudanças no desenvolvimento e na estrutura organizacional.

Etapa 5: Desembolso do empréstimo

O desembolso do empréstimo é o processo de colocar os fundos para habitação nas mãos do cliente aprovado, para que este possa realizar o seu projeto de melhoria da habitação. No final do processo de aprovação, o comité de crédito sancionou os montantes e as condições do empréstimo para cada cliente, o que constitui um processo administrativo de transferência de fundos para os clientes o mais rapidamente possível.

Etapa 6: Verificação da utilização do empréstimo

O principal objetivo desta fase é garantir que o empréstimo foi utilizado para fins de melhoria da habitação. O HFHT utiliza o microfinanciamento da habitação como um mecanismo de fornecimento de habitação e o objetivo de cada empréstimo *do Makazi Bora* é a melhoria das condições de vida do cliente. Esta etapa determina se o empréstimo foi utilizado para a melhoria da habitação, conforme acordado entre o HFHT e o cliente. O processo de verificação declara se um empréstimo foi "verificado" ou como tendo sido utilizado conforme acordado ou desviado (não utilizado da forma acordada).

Fase 7: Reembolso do empréstimo

O capital e os juros são cobrados para garantir a prestação sustentável de serviços de microfinanciamento no sector da habitação, para que os empréstimos sejam controlados com exatidão e os clientes não paguem mais do que o acordado.

Figura 5. 3: Mapa do processo de concessão de empréstimos

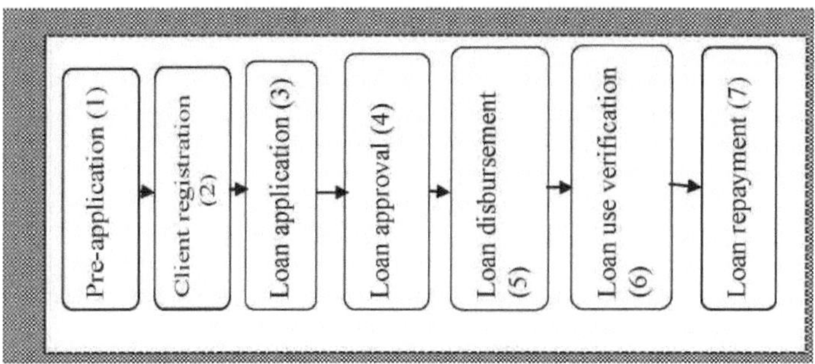

Fonte: Resumo do Manual de Operações do HFHT, 2009

Quadro 5. 1: Resumo dos termos e condições

Condições	Descrições
Elegibilidade do cliente	• *Idade* : 21-58 • *Género* : Masculino ou Feminino • *Rendimento:* de modo a que a prestação do empréstimo proposto não seja superior a 25% do rendimento total do agregado familiar • *Situação profissional:* assalariado ou sector informal • *Tipo de projeto:* deve tratar-se de um projeto visível de melhoria da casa relacionado com uma estrutura existente. A nova estrutura deve estar concluída, pelo menos, ao nível da placa de parede. • *Localização do projeto:* deve situar-se na zona de exploração designada e apresentar provas de segurança fundiária sob a forma de título de propriedade, licença de habitação, contrato de venda e/ou documento assinado pela administração local que ateste que o terreno não é público ou proibido.
Montante do empréstimo	• 200.000 - 1.500.000 TShs (+/- 150,00-1.150.000 USD) • Montante negociável com base nas necessidades do projeto e na acessibilidade das prestações mensais, não devendo a prestação mensal ser superior a 25% do

	rendimento total do agregado familiar e não devendo resultar em mais de 40% do endividamento total do agregado familiar.
Prazo do empréstimo	• 6 meses, 12 meses, 18 meses e 24 meses • Os clientes negoceiam as condições com o gestor de crédito durante o processo de criação do empréstimo, utilizando tabelas que mostram o custo total para cada combinação possível de prazo e montante do empréstimo, incluindo as prestações mensais e o total dos juros pagos. • A prestação tem de cumprir os critérios de acessibilidade de não exceder 25% do rendimento do agregado familiar e/ou 40% do peso total da dívida para a combinação de
	prazo do montante do empréstimo selecionado.
Período de carência	- 1 mês de carência sobre o capital
pagamento Frequência	- Mensal
Taxas de serviço	- 20.000 Tshs como taxa de inscrição (+/- USD 15,00)
Taxa de juro	• A taxa de juro é um mecanismo para garantir a utilização do empréstimo para fins de melhoramento da habitação. Os empréstimos são desembolsados a uma taxa significativamente mais elevada do que a média dos empréstimos a pequenas empresas das IFM e descontados após verificação de que o empréstimo foi utilizado para o objetivo acordado. • Taxa de juro aquando do desembolso: 5% fixo ou 60% ao ano • Taxa de juro para utilização de empréstimos verificados: 2,5% fixos ou 30% por ano
Seguros	- Crédito vitalício contra morte ou invalidez permanente; 1% por ano sobre o capital
Segurança/garantia	• Depósito de segurança de 8% do montante do empréstimo pago à cabeça e devolvido no final do empréstimo ou aplicado aos pagamentos finais • Bens móveis ou fiadores viáveis e penhorados superiores ou iguais a 92% do montante do empréstimo • Cada cliente deve ter pelo menos um fiador

Fonte: Trabalho de campo, 2009

5.3.5. Garantias e gestão do risco

O aspeto mais importante e complexo do financiamento da habitação é a multiplicidade de riscos envolvidos e, por conseguinte, a necessidade de os gerir. A maior parte das instituições financeiras de habitação do mundo que entraram em colapso não o fizeram devido à sua incapacidade de mobilizar fundos, mas sim devido à sua incapacidade de gerir os riscos associados ao financiamento da habitação. Há uma série de riscos associados ao financiamento da habitação que têm de ser corretamente geridos para que o sistema funcione com êxito e de forma sustentável. Entre outros, o programa de microfinanciamento da habitação *Makazi Bora* identificou os seguintes riscos e definiu algumas estratégias para os mitigar.

Risco de crédito (incumprimento): O risco de o capital e os juros não serem pagos atempadamente. Em primeiro lugar, a organização preparou um pacote de boas-vindas para os clientes recém-registados, que contém informações importantes sobre o empréstimo *Makazi Bora*. O compromisso da organização para com os clientes, os princípios do cliente, as funções e responsabilidades tanto da organização como dos potenciais clientes, os procedimentos operacionais, os produtos de empréstimo, os requisitos de empréstimo e o período de empréstimo são claramente explicados. Tudo isto tem como objetivo preparar a psicologia dos clientes para cumprirem os seus empréstimos a tempo e evitarem o incumprimento. O documento fornece informações sobre as sanções em caso de atraso no reembolso; se um cliente se atrasar no pagamento da sua prestação mensal, é cobrada uma coima de 1% do total da prestação mensal por cada dia de atraso. O valor do mobiliário deve cobrir 92% do empréstimo solicitado, para além dos 8% da garantia de caução, que perfazem 100% do empréstimo solicitado. De referir que todos os empréstimos estão cobertos por um seguro contra morte ou invalidez permanente. ***Riscos de fluxo de caixa:*** O risco de que mudanças nas condições de mercado alterem os fluxos de caixa reais ou nominais programados. Inclui o risco de taxa de juro, o risco de pré-pagamento, o risco de inflação e o risco de taxa de câmbio. *Risco político:* O risco de que o quadro jurídico e político em que se realizam os empréstimos se altere e afecte negativamente o programa.

Segurança da posse dos clientes activos

Os termos e condições para alguém se candidatar a um empréstimo para melhoria da habitação do programa de Microfinanças de Habitação de *Makazi Bora* exigem que o cliente apresente prova de segurança da terra. O estudo revelou que 100% dos clientes activos apresentaram cópias de documentos que confirmam a sua segurança de posse, sob a forma de títulos de terra para os que provêm de povoações planeadas como Toangoma, licenças residenciais e/ou acordos de venda assinados por um líder da *mtaa* de uma determinada sub-divisão onde o cliente reside.

Procedimento de acompanhamento dos pagamentos em atraso

A organização estabeleceu um procedimento de acompanhamento do não pagamento, que vai até ao 36th dia, desde o primeiro dia de atraso até à venda da garantia. No primeiro dia de atraso, o gestor de crédito recorda ao cliente, por telefone, a sua obrigação de pagar a totalidade da prestação atempadamente e as consequências do atraso no pagamento. Se o cliente não tiver efectuado o pagamento integral até ao quarto dia, o gestor de crédito visita o cliente e pede-lhe que se comprometa por escrito a pagar nos cinco dias seguintes, e o fiador é informado por telefone do atraso no pagamento. Se o pagamento integral ainda não tiver sido recebido até ao 10.^{oth} dia de atraso, o gestor de crédito exige o pagamento ao fiador no prazo de quatro dias. No 15.oth dia de atraso, se o pagamento integral não tiver sido recebido do cliente e/ou do fiador, o gestor de crédito e o gerente da sucursal visitam o cliente e o fiador e entregam-lhes uma carta, com cópia para a administração local, informando-os de que dispõem de 7 dias para efetuar o pagamento integral de todas as prestações e penalizações devidas, caso contrário as suas garantias serão penhoradas para serem vendidas. ndNo 22º dia de atraso, se o cliente não tiver efectuado o pagamento, o gestor de crédito e o gerente da sucursal visitam o cliente para apreender a garantia. A entrega das garantias é apoiada pela assinatura pelo cliente do formulário de penhora de garantias, que descreve as garantias entregues. Os bens penhorados são vendidos no prazo de 14 dias se o pagamento não for recebido e isto no 36th dia de atraso. A última alternativa é a ação judicial. A ação judicial é um meio de cobrança que é utilizado quando todos os métodos acima mencionados falharam.

5.3.6. Empréstimos à habitação desembolsados

Para o período de julho de 2009 a janeiro de 2010, o programa de Microfinanças Habitacionais *Makazi Bora* conseguiu desembolsar 222 empréstimos para melhoramento de casas no valor de 238.670.000 TShs, que foram categorizados em desembolsos de empréstimos por: produtos habitacionais ou uso do empréstimo, objetivo do empréstimo, género, período do empréstimo, divisões administrativas, idade e níveis de educação. As categorias de desembolso de empréstimos são discutidas em profundidade na secção seguinte:

Empréstimo desembolsado por produto de habitação ou utilização do empréstimo

A utilização proposta para os empréstimos aquando do desembolso foi a seguinte: conclusão da casa 56, acabamento da casa 126, extensão da habitação 3, reparação da casa 20, e estruturas auxiliares 17, enquanto nenhum empréstimo foi aplicado para outros fins. No total, foram desembolsados 222 empréstimos à habitação, resumidos no Quadro 5.2

Quadro 5. 2: Empréstimo à habitação desembolsado por produto

S/N	Produto de habitação	Número de empréstimos desembolsados	Percentagem do empréstimo desembolsado
1	Conclusão	56	25%
2	Acabamento	126	57%
3	Extensão	3	1%

4	Reparações	20	9%
5	Estruturas auxiliares	17	8%
6	Outras utilizações	0	0%
Total		222	100%

Fonte: Trabalho de campo, 2009

Figura 5. 4: Número de empréstimos desembolsados em Temeke

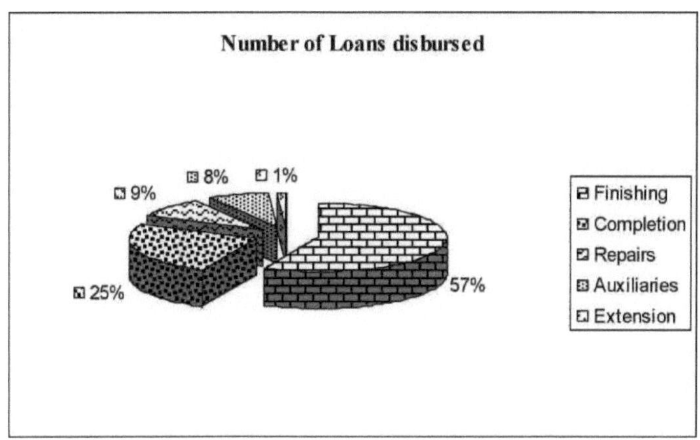

Fonte: Trabalho de campo, 2009

Empréstimo desembolsado por período de empréstimo e género

A Habitat for Humanity Tanzânia, através do Programa de Microfinanciamento Habitacional *Makazi Bora,* estabeleceu quatro períodos diferentes de serviço de empréstimo, em que o cliente tem a liberdade de escolher o período de acordo com a sua capacidade financeira ou preferência. Até ao momento, as estatísticas actuais do terreno mostram que, dos 222 empréstimos desembolsados, 12 eram para seis meses, 108 para 12 meses, 43 para 18 meses e 59 para 24 meses. Foi revelado que entre os 222 beneficiários de empréstimos, 118 são clientes activos do sexo feminino e 104 são clientes activos do sexo masculino. Isto significa que 53% de todos os beneficiários de empréstimos são mulheres e 47% são homens.

Figura 5. 5: Desembolso por período de empréstimo

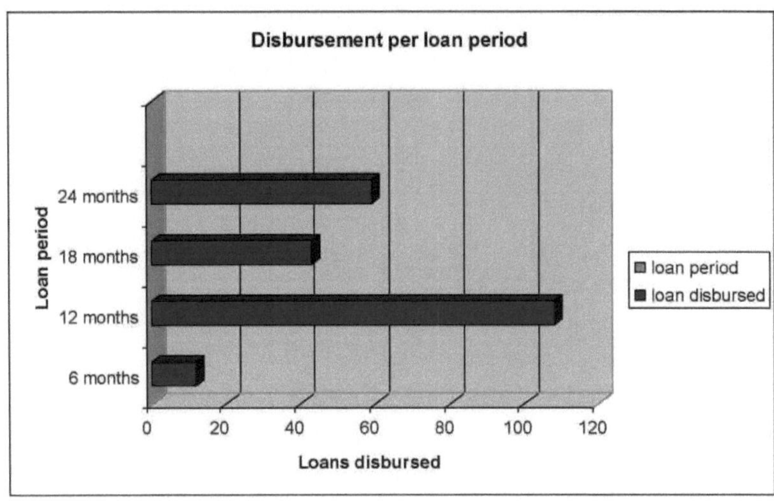

Fonte: Trabalho de campo, 2009

Figura 5.6. Desembolso de empréstimos por género

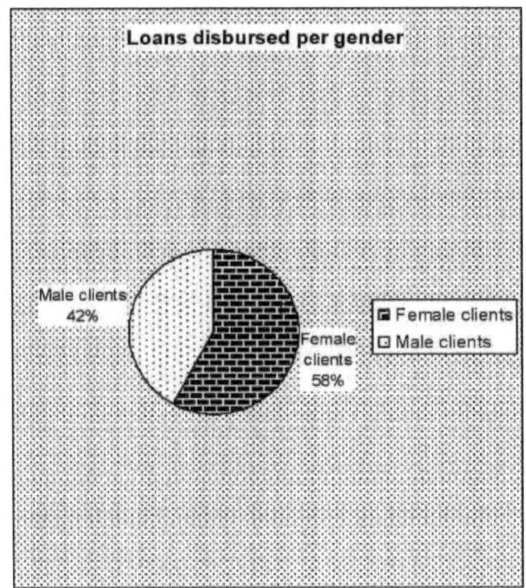

Fonte: Trabalho de campo, 2009

Objetivo do empréstimo

A finalidade do empréstimo significa que a estrutura a ser melhorada era utilizada principalmente para fins residenciais ou para fins de aluguer. Foi revelado que 90% de todos os empréstimos desembolsados foram utilizados para melhorar residências pessoais. O quadro seguinte mostra o que se está a passar no município de Temeke:

Quadro 5. 3: Empréstimo desembolsado por objetivo do empréstimo

S/N	Objetivo do empréstimo	Número de empréstimos	Percentagem
	Residência pessoal	146	90%
	Unidade de aluguer na residência principal	10	5%
	Unidade de aluguer num terreno separado	5	2%
	Utilização comercial no lote de residência principal	7	3%

Fonte: Trabalho de campo, 2009

Empréstimo desembolsado por ala

A Tabela 5.4 resume o desembolso de empréstimos por distrito em número e percentagens, com Mbagala Kuu a liderar com 36% seguido de Charambe que tem 33% de todos os empréstimos desembolsados no município de Temeke. A capacidade de resposta nas alas de Kibada, Mtoni e Makangarawe parece ser a mais baixa de todas.

Quadro 5. 4: Desembolso de empréstimos por distrito

S/N	Nome da ala	Empréstimo desembolsado	Percentagem (%)
1	Mbagala Kuu	83	37.4
2	Charambe	67	30
3	Tuangoma	24	11
4	Mbagala	23	10.3
5	Chamazi	20	9
6	Mtoni	2	0.9
7	Chang'ombe	2	0.9
8	Kibada	1	0.5
8	Azimio	0	0
9	Makangarawe	0	0

Fonte: Trabalho de campo, 2010

Vale a pena notar que o município de Temeke está dividido em 24 circunscrições administrativas, 10 das quais se encontram atualmente dentro da área operacional de *Makazi*

Bora. O mapa 5.1 mostra a localização das actuais áreas de operação da Habitat for Humanity Tanzania. Após campanhas promocionais e partilha de informação entre amigos e familiares sobre empréstimos para melhoria da habitação, a reatividade dos residentes das alas de Mbagala Kuu e Charambe foi muito mais elevada do que as outras.

Mapa5. 1: Localização das áreas de atividade da Habitat for Humanity Tanzânia

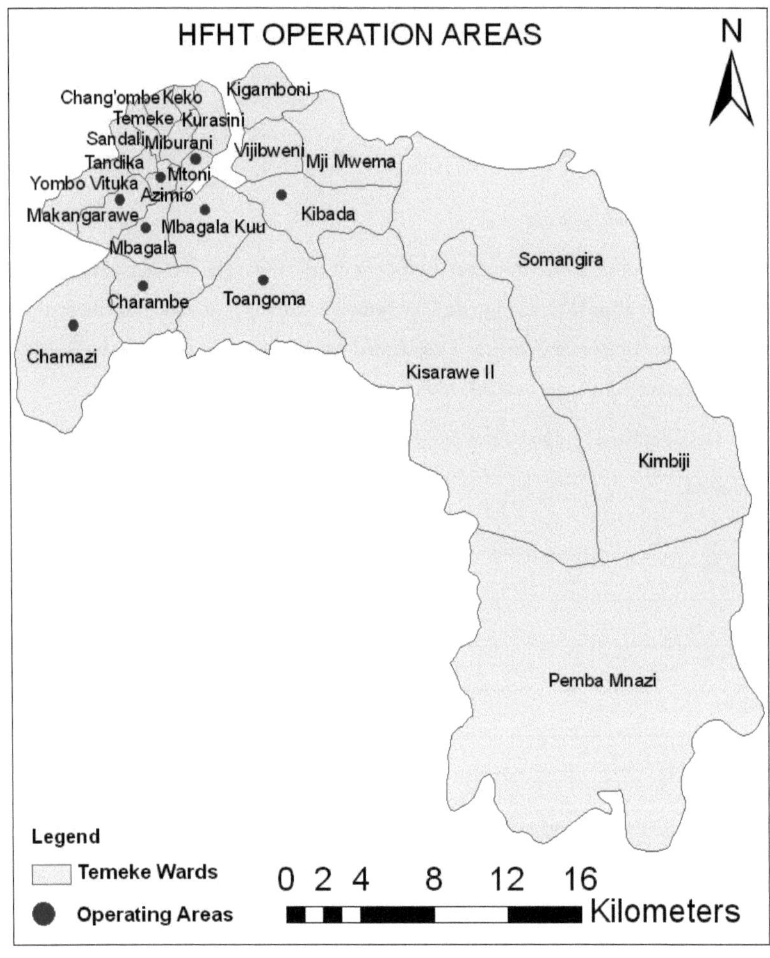

Fonte: Com base nos resultados da investigação, 2010

Rácio de empréstimo para melhoria da habitação

As conclusões do campo revelaram que todos os clientes activos tinham projectos viáveis e eram elegíveis para empréstimos para melhoramento da habitação para conclusão da casa, acabamento da casa, extensão da casa, reparações da casa e construção de estruturas auxiliares. Uma vez que a maioria dos clientes activos de *Makazi Bora* já residia nas estruturas a melhorar ou em parte delas, revelou-se que 68,4% do custo total da melhoria da habitação foi coberto por outras fontes de rendimento dos proprietários, enquanto o empréstimo recebido cobriu quase 31,6%. Nenhum dos clientes activos se queixou do processo de empréstimo e dos encargos, exceto 13% dos beneficiários de empréstimos entrevistados, que criticaram a rigidez dos prazos de reembolso após a assinatura do contrato e o facto de a taxa de juro ser elevada e constituir um encargo para as pessoas com baixos rendimentos. No entanto, 94% dos clientes activos entrevistados mostraram interesse em voltar a candidatar-se a um empréstimo.

Prestações acumuladas após a melhoria da habitação

Quando entrevistados para exprimir os seus sentimentos sobre os benefícios resultantes dos empréstimos para melhoria da habitação que receberam do *Makazi Bora,* cada cliente ativo mencionou uma série de benefícios que obteve depois de ter melhorado a sua casa. Entre outros, foram mencionados os seguintes benefícios: segurança, autoestima, aumento das rendas, conforto, ambiente saudável e melhores condições de vida.

5.4. Aspectos dos serviços de apoio à habitação

5.4.1. Criação de consciência

O acesso à informação sobre a disponibilidade de empréstimos é um problema para a maioria das pessoas com baixos rendimentos que vivem em aglomerados informais. A maioria das pessoas com baixos rendimentos não tem informação, o que faz com que percam a oportunidade de aceder a empréstimos à habitação para melhorar a casa. O estudo teve como objetivo investigar o acesso à informação relativa à disponibilidade de empréstimos na vizinhança e revelou que 46% dos clientes activos entrevistados tomaram conhecimento do programa de Microfinanças Habitacionais *Makazi Bora* através dos seus amigos próximos, familiares e vizinhos, enquanto 33% tomaram conhecimento através de folhetos distribuídos por funcionários de crédito ou clientes. Apenas 21% tomaram conhecimento do programa de habitação através de campanhas promocionais organizadas pelos técnicos de crédito e pelos líderes *da mtaa.*

5.4.2. Reforço das capacidades

O HFHT não oferece qualquer tipo de assistência técnica à construção aos seus clientes como caraterística do produto, mas aceita que os empréstimos desembolsados possam ser utilizados para pagar serviços de construção contratados pelo cliente. Na placa 5.1, um membro do pessoal está a prestar aconselhamento profissional aos membros activos e a verificar as suas propostas. Na altura, a revisão do orçamento de construção conduzida pelos oficiais de crédito para determinar se parecem estar completos, razoáveis e se utilizam os preços de mercado actuais parece ser considerada pela organização como o único tipo de assistência técnica de construção que é oferecida aos clientes activos. A organização está a preparar uma brochura que fornece conselhos profissionais para gerir o seu próprio processo de construção e obter o melhor valor para o seu dinheiro com o empréstimo *Makazi Bora.*

Placa 5. 1: Um membro do pessoal a prestar aconselhamento profissional aos clientes

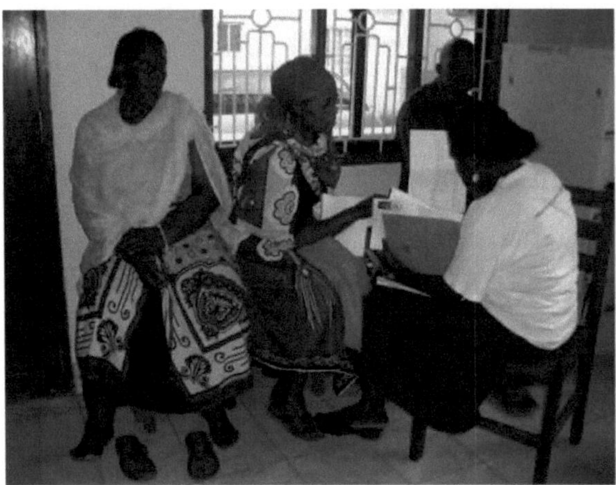

Fonte: Trabalho de campo, 2010

5.4.3. Conceção da casa

O HFHT adoptou um conceito de crédito à habitação flexível. O conceito de conceção permite que o cliente realize o seu projeto de melhoria da habitação da forma que considerar mais adequada. A observação no terreno mostrou que os beneficiários dos empréstimos recebem a ajuda arquitetónica de artesãos locais. O HFHT parte do princípio de que existe localmente suficiente experiência em construção para realizar projectos típicos de melhoria da habitação. No entanto, devido à crescente procura por parte dos beneficiários dos empréstimos, espera-se que a organização pense na possibilidade de prestar este serviço.

5.4.4. Apoio à construção

A construção de habitações nas áreas de atuação de *Makazi Bora* consiste na conclusão de casas, acabamentos de casas, ampliação de casas, reparações de casas, construção de estruturas auxiliares e instalação de infra-estruturas básicas, tais como ligação de abastecimento de água, fornecimento de energia eléctrica e construção de latrinas de fossa. Uma vez que a organização não presta qualquer assistência à construção, os seus clientes activos encontram os seus próprios meios para obter a assistência técnica necessária, quer junto de *fundi* locais, quer junto de si próprios. As observações no terreno mostram que os clientes de *Makazi Bora* precisam de assistência técnica para a preparação do orçamento, a compra de materiais de construção e a seleção de *fundi* como pedreiros locais e a supervisão da construção ou do projeto de melhoramento da casa. De facto, a maioria dos clientes activos (71%) sofre de suborçamentação e de deficiências orçamentais e não tem conhecimentos sobre a compra de materiais de construção de qualidade.

5.5. Aspectos das tecnologias da informação e da comunicação

5.5.1. Sistema de informação de gestão

Após o registo do cliente ter sido concluído e o cliente ter saído do escritório, os dados do formulário de registo são introduzidos no sistema informatizado utilizando a folha de cálculo do Microsoft Excel num sistema manual utilizando um ficheiro que é aberto para o cliente e colocado no armário de arquivo. Todos os dados dos clientes são armazenados num sistema semi-automatizado de gestão da informação. A placa 5.2 mostra alguns membros do pessoal a ouvir e a registar algumas informações sobre os seus clientes.

Placa5. 2: Membros do pessoal a registar as informações dos clientes

Fonte: Trabalho de campo, 2010

5.5.2. Base de dados e perfil dos clientes activos *de Makazi Bora*

Em sete meses de funcionamento, o programa de Microfinanciamento Habitacional *Makazi*

Bora registou 384 membros que se qualificam para solicitar empréstimos para melhoria da habitação, tendo sido concedidos 222 empréstimos até à data. Os dados demográficos obtidos no terreno foram resumidos nos seguintes grupos etários: 20 a 35 anos, 36 a 45 anos, 46 a 55 anos e 56 a 65 anos. A idade foi limitada a 65 anos devido aos regulamentos das companhias de seguros.

Os dados do terreno mostram que 64 clientes activos que contraíram empréstimos para melhoramento da habitação se encontravam no primeiro grupo etário de 20-35 anos, enquanto a maioria dos clientes activos, ou seja, 119 clientes activos têm 36-45 anos de idade e 37 clientes activos estão no grupo etário de 46-55 anos. Apenas 2 membros activos do grupo etário 56-65 receberam empréstimos, o que significa que este grupo registou o menor número de clientes. Por outras palavras, 53,6% de todos os clientes activos a quem foram concedidos empréstimos para melhoria da habitação pertencem ao grupo etário dos 36-45 anos, seguido de 28,9% do grupo etário dos 20-35 anos. Os outros grupos etários, 46-55 e 56-65, registaram as percentagens mais baixas, 16,7% e 0,9%, respetivamente, como se pode ver na Tabela 5.5.

Quadro 5. 5: Faixa etária dos beneficiários de empréstimos

S/N	Grupo etário	Clientes activos	Percentagem
1	20-35	64	29%
2	36-45	119	54%
3	46-55	37	17%
4	56-65	2	0.9%

Fonte: Trabalho de campo, 2010

A formação académica dos 222 clientes activos pode ser agrupada em cinco categorias, que são as seguintes: (i) Nenhuma, (ii) completou pelo menos o ensino primário, (iii) frequentou ou completou o ensino secundário, (iv) estudos de graduação e (v) estudos de pós-graduação. O estudo revela que 50% dos clientes activos frequentaram e/ou concluíram pelo menos o ensino primário, enquanto 43% deles frequentaram e/ou concluíram o ensino secundário. Relativamente às outras categorias, o estudo revelou que 3%, 2% e 2% foram registados como tendo estudos universitários, pós-graduação e nenhum, respetivamente.

5.5.3. Utilização das TIC no programa de microfinanciamento da habitação

A organização está a utilizar as TIC para facilitar o fluxo de informação entre os agentes de crédito e os seus clientes, e dentro da organização. Os recursos TIC utilizados pela organização incluem os seguintes: câmara digital, computadores e impressoras, GPS e telemóveis.

Fotografias digitais e utilização de GPS

É tirada uma fotografia digital do cliente e colocada digitalmente num formato de bilhete de identidade com o nome e o número de identificação do cliente. O cartão é impresso num cartão pré-cortado, plastificado e apresentado ao cliente. O cartão de identificação é utilizado para descontar cheques de pagamento de empréstimos, pode ajudar o cliente a efetuar pagamentos no banco e pode ajudar a identificá-lo perante novos membros do pessoal ou auditorias internas durante as visitas ao local.

Placa5. 3: Um membro do pessoal a fotografar um cliente no escritório

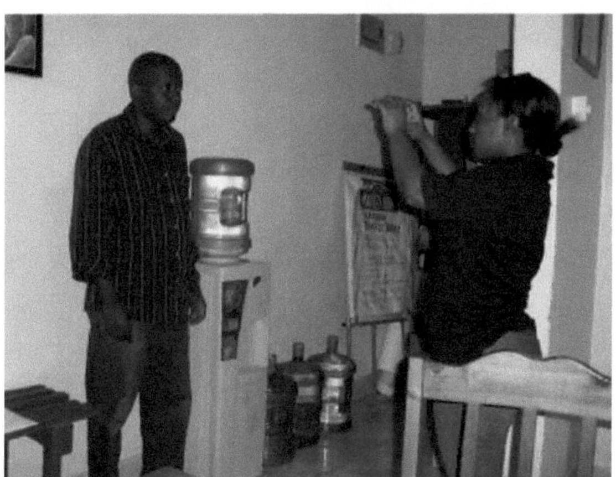

Fonte: Trabalho de campo, 2010

Na terceira fase do pedido de empréstimo, o gestor de crédito e o cliente acordam uma data, hora e local para se encontrarem no terreno, para que o cliente possa levar o crédito ao local do projeto, ao local da empresa e ao fiador. Quando o gestor de crédito chega ao local do projeto, são registados dados importantes. As coordenadas GPS são registadas a partir de posições próximas do edifício a ser melhorado e introduzidas no formulário de candidatura. As fotografias tiradas incluem fotografias que mostram toda a casa em questão. As fotografias prévias ao empréstimo documentam as condições das partes da casa em que serão efectuados os trabalhos de empréstimo para melhoria da habitação. Estas fotografias permitem ao comité de crédito ver claramente o projeto proposto e as fotografias são tiradas para que as fotografias posteriores ao empréstimo possam ser tiradas no mesmo local para documentar a verificação da utilização do empréstimo. Além disso, as fotografias prévias documentam a disponibilidade de materiais que o cliente está disposto a contribuir para o projeto, para além dos que serão adquiridos com o empréstimo.

As fotografias digitais são utilizadas na revisão e aprovação de empréstimos, durante a verificação como prova da utilização do empréstimo e para fins promocionais e de elaboração de relatórios. Como dados essenciais para o programa *Makazi Bora*, as fotografias são arquivadas, armazenadas e protegidas para garantir um acesso fácil e contínuo. Por exemplo, as fotografias de identificação do cliente que são tiradas no momento do registo são etiquetadas com o número do cliente, enquanto as fotografias tiradas durante o processo de avaliação e verificação são etiquetadas com o número do cliente e a abreviatura do tipo de fotografia, seja para garantia ou para negócio, e qualquer letra alfabética para as diferenciar.

Existe um sistema inteligente para arquivar as fotografias dos clientes. Por exemplo, as fotografias para avaliação e verificação do cliente são arquivadas numa pasta de raiz, sob a qual é aberta uma pasta com o nome e a fotografia do cliente. Nesta pasta, é aberta uma subpasta para cada cliente com o número completo do cliente. A pasta de cada cliente tem subpastas para a casa, a empresa, as fotografias anteriores ao empréstimo, as fotografias posteriores ao empréstimo e as garantias. A pasta das garantias é dividida em duas subpastas, uma denominada cliente e a outra fiador. Todas estas operações são facilitadas pela utilização de computadores pessoais com a ajuda do Microsoft Office, especialmente do Microsoft Word e da folha de cálculo Excel, por enquanto. Mais tarde, espera-se que o software do domínio bancário seja utilizado, especialmente para gerir informações de gestão financeira.

O GPS, que é um sistema através do qual são enviados sinais de satélites para um dispositivo especial utilizado para indicar com grande precisão a posição de um objeto na superfície da terra, é utilizado pelo *Makazi Bora* para vários fins. O GPS utilizado por cada agente de crédito na sua área de atividade ajuda a garantir que o empréstimo foi concedido a um determinado cliente numa determinada área, o que facilita a gestão do acompanhamento e da avaliação do processo de empréstimo. Isto ajuda a controlar a gestão dos empréstimos e evita que os agentes de crédito concedam empréstimos a pessoas que não podem ser localizadas.

Placa 5. 4 Sistema de posição global portátil

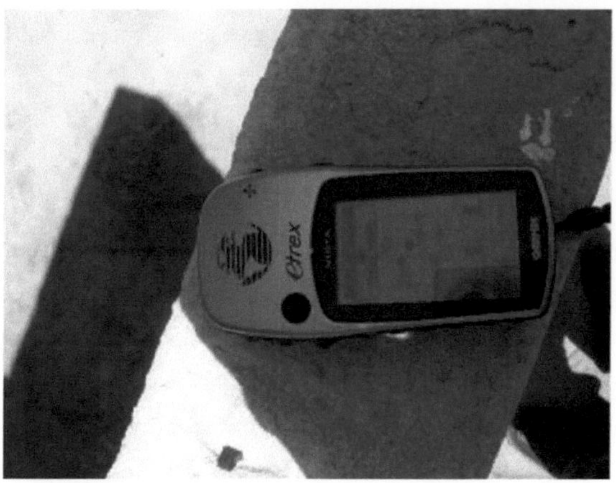

Fonte: Trabalho de campo, 2010

A utilização de telemóveis

A organização deu a cada funcionário um telemóvel para facilitar a comunicação entre eles e os seus clientes de crédito. Além disso, a sucursal comprou 3 telemóveis com o objetivo de facilitar a comunicação entre os funcionários e os seus clientes quando se encontram no edifício do escritório. Os técnicos de crédito telefonam aos seus clientes após a fase de registo e o preenchimento dos formulários de pedido de empréstimo para marcar a primeira visita ao local do projeto. Durante a fase de aprovação do empréstimo, os técnicos de crédito telefonam aos seus clientes para os informar da aprovação do seu pedido de empréstimo e para os convidar a deslocarem-se à sucursal para receberem os seus cheques. Durante o ciclo de reembolso, os agentes de crédito desempenham um papel ativo ao recordar aos seus clientes o calendário de reembolso e as consequências dos atrasos. Assim, a utilização de telemóveis reduz o tempo de visita dos técnicos de crédito aos locais dos projectos e o tempo de deslocação dos clientes à sucursal para algumas questões. Alguns desafios encontrados pelos técnicos de crédito durante a fase de reembolso incluem o facto de os clientes desligarem os telemóveis e mentirem que viajaram e que estão fora da cidade.

Os resultados do terreno revelam que 93,7% dos clientes de empréstimos possuem aparelhos portáteis, enquanto 6,3% utilizam os telemóveis dos seus cônjuges, filhos ou amigos próximos e vizinhos. A posse de aparelhos portáteis facilita a comunicação entre os agentes de crédito e os clientes durante o processo de empréstimo. Depois de o cliente ter sido registado e preenchido os formulários de pedido de empréstimo, tanto os oficiais de crédito como os clientes comunicam através de telemóveis, marcando a primeira visita ao local de construção e verificando o dia seguinte à execução do projeto. Os agentes de crédito também acompanham de perto os clientes dos empréstimos por telefone para garantir que os clientes evitam atrasos desnecessários que lhes custam o pagamento de penalizações.

5.6. Subcasos selecionados de melhoria da habitação no município de Temeke

Subcaso 1: Conclusão da casa em Chamazi

O Sr. Godson comprou o terreno para construir a sua casa em 2007 e começou a construção em junho de 2009. Com os seus próprios recursos financeiros, conseguiu lançar os alicerces, erguer as paredes até à placa, mas faltou-lhe o dinheiro para o telhado, a fixação de portas, janelas e o chão, para que a casa estivesse pronta para ser habitada por pessoas. Depois de um familiar lhe ter falado de *Makazi Bora*, decidiu informar-se sobre as condições de financiamento para poder pedir dinheiro emprestado para completar o seu projeto de habitação. Depois de ter gasto quase 8 milhões de TShs na aquisição do terreno e na construção de uma casa de seis quartos até ao nível visto na placa 1, o Sr. Godson pediu emprestado 1,5 milhões de TShs para o telhado, a fixação de 8 portas e 10 portas e o empréstimo tem de ser pago durante 24 meses a partir de outubro de 2009. O custo total até ao telhado atingiu 9,5 milhões de TShs, pelo que o empréstimo cobriu apenas 16%, como mostra a Figura 5.6.

Quando entrevistado, o Sr. Godson, que é comerciante, respondeu com um sorriso no rosto que, sem *Makazi Bora,* a sua casa poderia ter ficado inacabada durante vários anos; por isso, estava grato ao programa por ter pensado em pessoas com rendimentos semelhantes aos seus. Disse que agora podia andar de cabeça erguida na rua depois de ter concluído a sua casa e que tinha aumentado o número de amigos no bairro. Acrescentou que vivia numa casa pequena com uma família de seis membros, onde outras pessoas dormiam na sala de estar; agora tem esperança de que a casa seja suficientemente grande para ele e para os membros da sua família, como se pode ver nas figuras 5.5 e 5.6.

Placa 5. 5: Casa antes da concessão do empréstimo

Fonte: Arquivos do HFHT, 2009

Placa5. 6: Após a conclusão e a concessão do empréstimo

Fonte: Trabalho de campo, 2009

Figura 5. 6: Custo da melhoria da casa

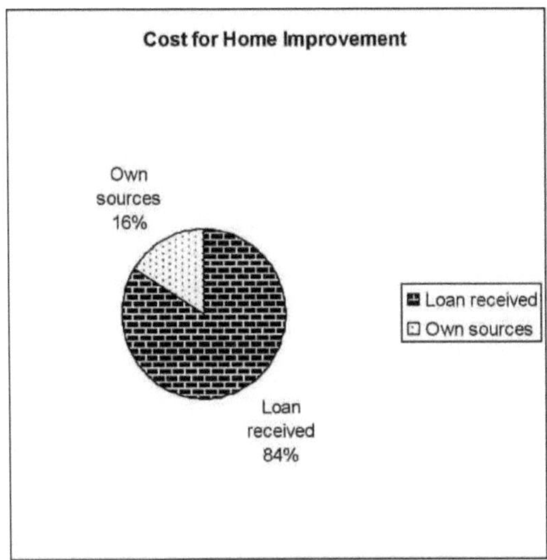

Fonte: Trabalho de campo, 2009

Subcaso 2: Cobertura de casas em Toangoma

O Sr. Hashimu, que é motorista de impostos, comprou um terreno em 2007 por 8.000.000 TShs e recebeu o seu primeiro empréstimo do Yombo SACCOS para a construção de um edifício. O Sr. Hashimu conseguiu concluir com êxito apenas um quarto de dormir até ao nível do telhado. O segundo quarto, uma sala de estar e uma cozinha ficaram inacabados durante quase dois anos devido à falta de fundos. Hashimu conseguiu, com dificuldade, alojar a sua família de seis membros no único quarto e foi obrigado a alugar dois outros quartos na vizinhança para as suas filhas. Depois de ter lido um folheto que explicava o empréstimo do *Makazi Bora*, Hashimu decidiu aderir à iniciativa e pedir um empréstimo de 1.500.000 TSH para a cobertura de um quarto, uma sala de estar e uma cozinha. Os custos totais incorridos foram de 2.100.000 TShs, o que fez com que o empréstimo cobrisse 71,4% do orçamento para a melhoria da casa.

Quando questionado sobre os benefícios obtidos com o empréstimo para a melhoria da casa, o Sr. Hashimu respondeu com satisfação que, sem este empréstimo, a sua casa teria ficado inacabada durante mais de dois anos. "Por muito pouco que seja, o empréstimo que recebi do *Makazi Bora* desempenhou um papel fundamental para que a minha casa chegasse a este nível", disse Hashimu. Por não ter conseguido concluir a sua casa, Hashimu não conseguia parar de pensar no seu projeto de habitação e começou a perder a confiança quando passava tempo com os seus amigos no bairro e no local de trabalho. Agora, o homem está feliz a viver numa casa concluída e está pronto para pedir um segundo empréstimo para janelas, portas e acabamentos, como reboco, pintura e fornecimento de energia. As mudanças no desenvolvimento da sua habitação podem ser observadas nas placas 5.7 e 5.8. O cliente do empréstimo está a planear pedir um segundo empréstimo para arranjar as janelas, as portas e o chão.

Placa 5. 7: Casa antes do empréstimo para melhoria da habitação

Fonte: Arquivos do HFHT, 2009

Placa 5. 8: Casa após empréstimo para melhoria da habitação

Fonte: Trabalho de campo, 2009

Figura 5. 7: Custo da melhoria da casa

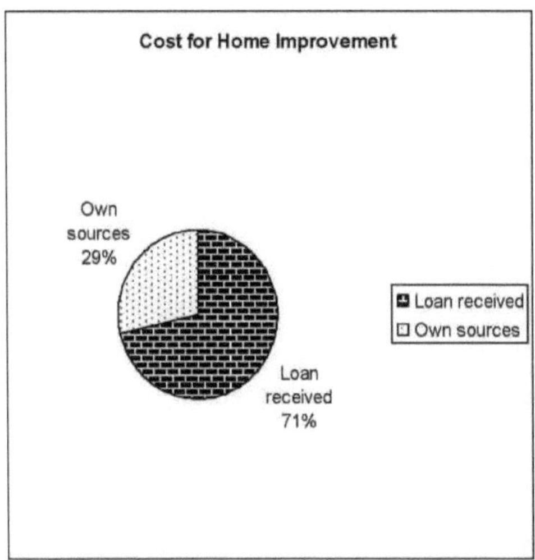

Fonte: Trabalho de campo, 2009

Subcaso 3: Conclusão e acabamento da casa em Mbagala Kuu

O Sr. Kuchimba, na casa dos 60 anos, vendedor de água e economista pecuarista reformado, começou a construção da casa na placa 4 no início de 1981, depois de ter concluído com êxito uma casa separada de seis quartos bem pavimentada, cozinha e casa de banho na mesma parcela, mas não conseguiu terminar por falta de recursos financeiros suficientes. Depois de ter cumprido todos os requisitos necessários para a concessão de empréstimos, o Sr. Kuchimba pediu um empréstimo de 1.500.000 TShs para completar a sua casa de dois quartos, com chão de azulejos, teto de madeira e fixação de uma porta e 3 janelas para a estrutura que se vê na placa 5.9. Durante todos estes anos, a casa inacabada foi usada como cozinha e/ou local de descanso, por vezes quando estava demasiado calor na cidade. O Sr. Kuchimba viveu desconfortavelmente todos estes anos devido à estrutura inacabada que era inestética e pouco atractiva, e a imagem da estrutura inacabada era irritante, de acordo com o proprietário da casa. Mas, por enquanto, o Sr. Kuchimba está satisfeito por ver a sua casa atraente, na placa 5.10, que é esteticamente mais agradável e aumentou o seu rendimento mensal através de alugueres.

Placa 5. 9: Estrutura antes do empréstimo para melhoria da casa

Fonte: Arquivos do HFHT, 2009

Placa 5. 10: Casa após empréstimo para melhoria da habitação

Fonte: Trabalho de campo, 2009

Subcaso 4: Acabamento de casas em Charambe

A Sra. Fátima, 39 anos de idade e vendedora de carvão, começou a construção da sua casa em 2000 e terminou-a no mesmo ano. Mas a casa precisava de mais melhoramentos, especialmente de reboco e pintura, colocação de tectos em dois quartos e colocação de redes mosquiteiras em 3 janelas, como se pode ver na placa 11. A Sra. Fátima pediu um empréstimo de 1.000.000 TShs para a melhoria da casa e implementou o seu projeto de melhoria da habitação, que lhe custou 1.7500.000 TShs. Fátima expressou a sua alegria ao mostrar os melhoramentos que tinha efectuado através do empréstimo para melhoramento da habitação concedido por *Makazi Bora.* "Se pudessem ver como era a minha casa antes de pedir o empréstimo *do Makazi Bora* e como está agora depois das melhorias, espero que pudessem ver como estou feliz", disse Fátima com um sorriso jovial. A inquirida acrescentou que sempre sonhou com uma casa melhorada, mas não tinha a certeza de quando é que o sonho poderia ser realizado. Os quadros 5.11, 5.12, 5.13 e 5.14 mostram os melhoramentos efectuados na casa da Sra. Fátima através do empréstimo para melhoramento da habitação *do Makazi Bora*.

Placa5. 11: Frente e traseira da casa antes do empréstimo Makazi Bora

Fonte: Trabalho de campo, 2009

Placa 5.12: Após a melhoria da casa

Fonte: Trabalho de campo, 2009

Placa5. 13*: Antes de colocar a placa de gesso*

Fonte: Trabalho de campo, 2009

Placa 5. 14: Após a colocação da placa de gesso

Fonte: Trabalho de campo, 2009

Quadro 5. 6: Resumo dos subcasos selecionados

Subcasos	Montante do empréstimo concedido	Melhoria da casa feita	Benefícios acumulados de Melhoria da habitação
Caso Su 1:Afilhado	1.500.000 TShs	Conclusão: cobertura, fixação de portas, janelas e pavimento	Melhoria do estatuto social, da autoestima e do ambiente de vida.
Caso 2: Hashimu	1.500.000 TShs	Conclusão: cobertura com chapas de ferro	Melhoria do estatuto social, da autoestima e da felicidade
Caso 3 : Kuchimba	1.500.000 TShs	Conclusão e acabamento: cobertura, reboco, pintura, fixação de janelas e portas, colocação de ladrilhos no chão e no teto	Melhoria do estatuto social, da autoestima, da estética e do rendimento através do arrendamento
Caso 4: Fátima	1.000.000 TShs	Acabamentos: reboco e pintura, teto e colocação de redes mosquiteiras em 3 janelas	Melhoria do ambiente de vida, da segurança e da autoestima,

Fonte: construção própria, 2010

5.7. Principais conclusões e lições aprendidas

5.7.1. Principais conclusões

A HFHT, uma filial da HFHI, trabalha no país desde 1986. A organização foi registada ao abrigo da Societies Ordinance de 1954 e está em conformidade com a NGOs Act de 2002. A HFHT tem mais de 25 anos de experiência na concessão de financiamento à habitação para pessoas com baixos rendimentos e beneficia de exposição internacional, experiência e normas de informação da HFHI. Por conseguinte, o seu programa e as normas e requisitos financeiros estão em conformidade com os objectivos estratégicos e as iniciativas da organização irmã.

O principal produto de crédito à habitação do *Makazi Bora,* o programa de Microfinanciamento à Habitação, é um empréstimo para melhoria da habitação. O empréstimo para melhoramento da habitação permite aos clientes negociar um empréstimo que não se destina a melhoramento da habitação, que pode ser para a compra de um lote de terreno e a construção de uma nova casa a ser construída gradualmente, embora os clientes tenham de apresentar provas da existência de um projeto visível no local. O grupo-alvo de *Makazi Bora* é constituído por pessoas com rendimentos baixos e médios, com um rendimento per capita de mais ou menos o equivalente a 5,00 USD por dia. Foi revelado que 70% de todos os beneficiários de empréstimos ganham menos de USD 5,00, o que significa que o programa está a atingir o grupo-alvo. A estrutura organizacional é clara e ajuda a facilitar o fluxo de actividades dentro e fora da organização.

Além disso, os resultados do campo mostraram que os clientes na faixa etária de 36-45 anos cobrem 54% de todos os clientes que obtiveram empréstimos do *Makazi Bora,* seguidos imediatamente pela faixa etária de 20-35 anos, que cobre 29%. No que diz respeito à formação académica dos clientes activos, foi revelado que 50% de todos os clientes activos receberam pelo menos o ensino primário universal, enquanto 43% deles receberam ou completaram o ensino secundário. Finalmente, os resultados revelaram que 89% dos clientes activos estão envolvidos em negócios do sector informal.

Os donativos da IHAC constituem a principal fonte de financiamento do programa de microfinanciamento da habitação durante os primeiros 3 anos de atividade. Mais tarde, a organização tenciona procurar obter um empréstimo junto de instituições financeiras a taxas preferenciais e/ou comerciais para a sua sustentabilidade nos próximos anos de atividade. Os requisitos e o processo de empréstimo parecem ser amplamente aceites pelos beneficiários do empréstimo e incluem a taxa de juro de 5% para o primeiro mês de reembolso antes de a verificação ter sido efectuada, e de 2,5% se o desvio não tiver sido observado.

Em sete meses de atividade, a organização desembolsou 222 empréstimos para a melhoria da habitação, tendo a maioria dos clientes solicitado empréstimos para o acabamento e a conclusão da habitação. Respetivamente, os empréstimos desembolsados para acabamento e conclusão de habitações representam 57% e 25% de todos os empréstimos para melhoramento de habitações no município de Temeke. Quase metade de todos os empréstimos desembolsados foram programados para um período de reembolso de 12 meses, sendo que 53% de todos os clientes são mulheres. 90% de todos os empréstimos foram aplicados na melhoria de casas para residência pessoal e apenas 2% dos empréstimos foram solicitados para desenvolver uma unidade de aluguer num terreno separado. A organização instalou um sistema de gestão de garantias e de riscos que garante a segurança dos empréstimos desembolsados. Estes incluem uma garantia de segurança de 8%, um seguro de empréstimo contra morte ou invalidez permanente de 1% por ano, e os activos dados como garantia cobrem 92% do empréstimo solicitado. É aplicada uma coima de 1% do montante do empréstimo concedido por cada dia de atraso no reembolso.

O HFHT, através do programa de Microfinanças de Habitação *Makazi Bora*, não oferece qualquer assistência técnica de construção ou serviços de apoio à habitação, embora aceite que o empréstimo desembolsado possa ser gasto para pagar a pedreiros ou *fundiários* locais. No entanto, a organização planeia preparar um folheto que compilará os serviços de apoio à habitação para fornecer aconselhamento profissional aos clientes sobre como gerir o seu processo e actividades de construção.

Verificou-se que a organização utiliza alguns meios de TIC para apoiar a implementação harmoniosa do seu programa de microfinanciamento à habitação. Algumas das TIC utilizadas incluem o GPS para registar as coordenadas do local do projeto e assegurar a monitorização, a transparência e/ou o acompanhamento dos empréstimos desembolsados. As máquinas fotográficas digitais são utilizadas para registar imagens das garantias e para manter a documentação da melhoria das casas através dos empréstimos *do Makazi Bora.* Os computadores pessoais e as impressoras facilitam o armazenamento e a produção de documentos importantes dos clientes e do escritório, enquanto os telemóveis ajudam a comunicação entre os funcionários responsáveis pelos empréstimos e os clientes, especialmente para marcar visitas e acompanhar os reembolsos.

Além disso, o HFHT adoptou um sistema de informação de gestão semi-automatizado, em que a folha de cálculo é a ferramenta comum utilizada em conjunto com um sistema manual. São múltiplos os benefícios que levam à redução da pobreza habitacional que os clientes activos obtiveram com os empréstimos para melhoramento da habitação do Makazi *Bora.* Os inquiridos mencionaram de bom grado que obtiveram uma série de benefícios, incluindo: autoestima, aumento das rendas, segurança e conforto, melhores condições de vida e um ambiente saudável.

5.7.2. Lições aprendidas

i) O HFHT tem uma visão e uma missão claras que definem o grupo-alvo, os produtos de empréstimo e a equipa de gestão que os apoia. A organização mostra-se empenhada em prosseguir o microfinanciamento da habitação como um nicho de mercado potencialmente lucrativo. O plano de actividades do programa indica claramente como atingir os objectivos estratégicos concebidos durante o período-piloto.

ii) A estrutura organizacional foi concebida para garantir a operacionalização adequada do projeto. Embora exista um diretor nacional e um gestor de programa, o sucesso e o fracasso do programa de microfinanciamento da habitação estão nas mãos dos agentes de crédito, uma vez que são eles que vendem os produtos aos clientes e acompanham os reembolsos.

iii) Os produtos de microfinanciamento no sector da habitação foram concebidos após uma avaliação do mercado que envolveu a realização de entrevistas a intervenientes-chave e relevantes para determinar as necessidades do mercado e as preferências em termos de planos de reembolso. O programa de proximidade está a ter um êxito significativo em termos de número de clientes que aderem ao programa e são atendidos.

iv) A organização adoptou um sistema de informação de gestão semi-automatizado que facilita o fornecimento de informações atempadas e precisas sobre os indicadores-chave mais relevantes para a operação e que são regularmente utilizadas pela sede e pela direção no acompanhamento e orientação das operações. A utilização das TIC, tais como computadores, câmaras, aparelhos portáteis e GPS, ajuda a organização a produzir atempadamente os resultados esperados.

v) A prestação de serviços de apoio à habitação tem alguns efeitos sobre os prazos de reembolso e a garantia de qualidade. A organização presta assistência aos clientes através da revisão do orçamento.

CAPÍTULO 6

PROGRAMA DE MICROFINANCIAMENTO DE HABITAÇÃO WAT-SACCOS

6.1 Introdução

Este capítulo apresenta uma visão geral do programa de Microfinanças de Habitação do WAT-SACCOS como um segundo estudo de caso investigado para explorar o papel que esta instituição desempenha no tratamento das necessidades de microfinanças de habitação das pessoas com rendimentos baixos e médios em Dar es Salaam. O WAT-SACCOS está a colaborar com o WAT-Human Settlements Trust (WAT-HST) na resposta às necessidades de microfinanciamento da habitação das pessoas com baixos rendimentos.

6.2 . Aspectos institucionais

6.2.1 . Perfil institucional

Perfil institucional da WAT-HST

O WAT-Human Settlements Trust (WAT-HST) é uma organização nacional, não governamental, apartidária e sem fins lucrativos, criada em 28th de julho de 1989 e registada em 24th de outubro de 1989. O nome foi mudado de Women Advancement Trust (WAT) para WAT-Human Settlements Trust em 2005 pelo Conselho de Administração da ONG, uma vez que o primeiro nome retratava que a organização era apenas para mulheres. O objetivo geral do WAT-HST é capacitar as comunidades de baixo e médio rendimento, em especial as mulheres, para participarem plena e eficazmente em todos os aspectos do desenvolvimento dos assentamentos humanos. Os seus programas centram-se no género, na acessibilidade e na segurança da posse para as comunidades de baixo e médio rendimento, com o objetivo de melhorar os meios de subsistência. A WAT-HST é por vezes referida como WAT devido aos antecedentes históricos da organização.

Perfil institucional da WAT-SACCOS

Em 1997, o WAT-HST criou uma sucursal da Sociedade Cooperativa de Poupança e Crédito (WAT-SACCOS) como entidade separada com a sua equipa de gestão e, em 1998, foi registada no registo de cooperativas como entidade independente, com o objetivo principal de resolver o problema crónico da falta ou limitação de acesso a serviços financeiros enfrentado pela maioria dos tanzanianos e membros do WAT-HST. Os objectivos da WAT-SACCOS incluem: (i) promover uma solução financeira sustentável de autoajuda para os membros, que melhore efetivamente as suas condições de vida; e (ii) associar a poupança e o crédito à geração de rendimentos e à habitação. A WAT-SACCOS está estruturada com base numa abordagem social, e não empresarial, da poupança e do crédito, comummente conhecida como "*Upatu*" em suaíli, que se refere a um grupo de solidariedade.

6.2.2 Visão e missão

Visão e missão da WAT-HST

A visão da WAT-HST é que, até 2025, as comunidades de baixo e médio rendimento vivam em aglomerados humanos melhorados como resultado das suas actividades. A sua missão é promover a posse de abrigos adequados e acessíveis para pessoas com rendimentos baixos e médios, particularmente mulheres, através da mobilização e sensibilização da comunidade, da criação de consciencialização, da capacitação de indivíduos, grupos e cooperativas de habitação, do reforço de capacidades através da prestação de apoio técnico e de lobbying e advocacia.

Visão e missão da WAT-SACCOS

A WAT-SACCOS tem como objetivo liderar e manter a melhor e mais sustentável SACCOS que fornece aos seus membros excelentes serviços financeiros. Na sua missão, a empresa está empenhada em mobilizar, sensibilizar e melhorar as condições económicas dos seus membros, independentemente do género, e em fornecer fontes estáveis e seguras para atingir um grande volume de poupanças e uma grande carteira de empréstimos. No seu esforço para cumprir a sua visão e missão, a WAT-SACCOS tem como objetivo

i) Melhorar o nível de vida dos seus membros

ii) Prestação de serviços financeiros variados aos seus membros, de acordo com as suas necessidades

iii) Incentivar a adesão de mais membros às SACCOS

iv) Dar mais informação ao público sobre os SACCOS

6.2.3 Estrutura organizacional do WAT-SACCOS

A estrutura organizativa da WAT-SACCOS foi concebida de forma a facilitar a boa execução do seu programa de microfinanciamento da habitação. Embora a estrutura ainda seja uma proposta, é a que estava em prática na altura em que este estudo foi realizado. Para mais pormenores, a estrutura organizacional é apresentada no Anexo 2.

Mecanismos operacionais WAT-HST e WAT-SACCOS

As duas entidades, WAT-HST e WAT-SACCOS, estão a trabalhar lado a lado na operacionalização do programa de microfinanciamento da habitação. As funções e responsabilidades destas duas instituições foram claramente separadas e descritas na sua organização interna e são explicadas de seguida:

A WAT-HST desempenha as seguintes funções:

i) Comercializar o programa de empréstimos em geral e organizar sessões de informação sobre o programa de empréstimos em particular.

ii) Prestação de serviços técnicos, tais como negociações fundiárias, desenvolvimento de projectos, avaliação da viabilidade técnica, regularização de aglomerados informais, planeamento urbano e conceção de infra-estruturas, conceção de casas, especificação de melhoramentos, estimativas de custos

iii) Formação e apoio às cooperativas na criação de programas de poupança, no desenvolvimento de projectos de habitação, na compreensão dos custos e da viabilidade financeira, na determinação da capacidade de reembolso dos empréstimos e na preparação dos pedidos de empréstimo

iv) Preparação de programas de execução para a construção ou melhoria de habitações

v) Prestação de apoio técnico aos mutuários durante o processo de modernização e construção, incluindo a autorização de empréstimos desembolsados durante a construção e o controlo da utilização dos fundos

vi) Coordenação geral do programa de microfinanciamento no sector da habitação, negociação da disponibilidade de capital por grosso, garantia de que os programas de desenvolvimento são compatíveis com a disponibilidade de capital para empréstimos, controlo da realização dos objectivos de desenvolvimento e de empréstimos.

Enquanto o WAT-SACCOS desempenha as seguintes funções:

i) Comercializar o programa de empréstimos em geral e organizar sessões de informação sobre os produtos de empréstimos à habitação

ii) Gestão de programas de poupança para potenciais mutuários

iii) Receção e avaliação dos pedidos de empréstimo individuais e colectivos -
avaliação financeira pormenorizada
do empréstimo, bem como da capacidade de reembolso do cliente

iv) Emissão de um empréstimo aprovado pelo comité de empréstimos WAT-SACCOS

v) Pagamento de empréstimos quando autorizado, gestão de empréstimos, reembolsos e controlo de incumprimentos

vi) Acompanhamento dos não-pagamentos

6.2.4 Mudança de paradigma na habitação WAT-HST

Em 2004, a WAT-HST criou um Fundo Rotativo de Empréstimos para Abrigos para facilitar a melhoria ou modernização das habitações dos membros do seu grupo de habitação e encarregou a WAT-SACCOS de ser uma instituição de crédito para este programa. O WAT-HST obteve 39 milhões de dólares dos seus parceiros de desenvolvimento para financiar projectos de melhoria das habitações dos membros dos seus grupos de habitação em aglomerados informais. Após cinco anos de funcionamento, o programa não produziu os resultados pretendidos devido à falta de uma política de empréstimos definida, a problemas de documentação, à falta de um sistema de informação de gestão, a um mecanismo adequado de controlo do programa e à falta de competências em matéria de microfinanciamento da habitação. Para aumentar os seus serviços e alcançar a sustentabilidade, a organização colaborou com a WAT-SACCOS para formar uma sinergia e reunir as suas competências ao serviço do segmento de baixos rendimentos. A sinergia deu origem ao Programa de Microfinanciamento de Habitação em abril de 2009. A principal força desta sinergia é que as duas instituições têm uma experiência variada e rica no sector das microfinanças de habitação. A WAT-HST tem uma experiência de trabalho rica em serviços não financeiros ou conhecimentos técnicos, com capacidades de defesa e de lobbying. Enquanto a WAT-SACCOS trabalha há muito tempo no sector do crédito para pequenas empresas. A WAT-SACCOS dispõe de conhecimentos financeiros que lhe permitem conceder pequenos créditos a mais de 8435 pessoas com rendimentos baixos e médios na altura em que este estudo foi realizado. O programa de microfinanciamento da habitação é financiado pelo Financial Deepening Setor Trust (FDST).

6.3. Aspectos de gestão do microfinanciamento da habitação

6.3.1. Origem dos fundos

Carteira de habitação

Em 2004, o WAT-HST criou um Fundo Rotativo de Empréstimos para Abrigos com 39 milhões de TShs do seu parceiro de financiamento internacional NBBL, Rooftops Canada, que é utilizado para ajudar os seus grupos de habitação e que estava a ser gerido pelo WAS-SACCOS. Como o WAT-HST e o WAT-SACCOS tinham como objetivo associar a poupança e o crédito para a geração de rendimentos e o desenvolvimento da habitação, os membros do WAT-SACCOS utilizaram os lucros da geração de rendimentos para construir ou melhorar as suas casas, transferindo as suas contas de poupança para o fundo rotativo de empréstimos para habitação, com o objetivo de facilitar o acesso ao crédito à habitação. Alguns resultados tangíveis dos produtos de crédito à habitação podem ser encontrados em Hanna Nassif, Manzese, Vingunguti, Mwananyamala (Msisiri), Bunju (Mivumoni), Mwanagati, Toangoma em Dar es Salaam. As poupanças que um mutuário acumulou na SACCOS são utilizadas como prova da sua disciplina de poupança e da sua capacidade económica. É de notar que a WAT-SACCOS é normalmente utilizada como um veículo para facilitar a concessão e o reembolso de empréstimos, mas não como uma fonte de financiamento para a construção de habitações. Em 2009, o WAT-HST obteve um fundo de 450 000 USD do Financial Setor Deeping Trust (FSDT), da rooftop Canada e da NBBL para criar um programa de microfinanciamento de habitação, que é administrado conjuntamente pelas duas instituições:

WAT-SACCOS e WAT-HST.

Actividades de subsistência dos clientes activos do WAT-SACCOS

As entrevistas aos agregados familiares revelaram que 53% dos clientes activos que beneficiaram de empréstimos à habitação estão envolvidos no sector informal, que inclui empresas domésticas, pequeno comércio, aluguer de casas, vendedores de água e carvão, *mama* e *baba* lishe, proprietários de restaurantes de média dimensão, vendedores de quiosques locais e remessas, entre outros. 26% dos entrevistados estão empregados no sector formal, o quadro de baixos salários, especialmente nos serviços militares, nas forças policiais, como professores de escolas, pessoal médico e funcionários da administração local, enquanto 21% deles estão empregados no sector privado.

6.3.2. Grupos-alvo, produtos de crédito à habitação e metodologia de distribuição

Grupos-alvo

Os grupos-alvo do programa de microfinanciamento de habitação da WAT-SACCOS são as pessoas com rendimentos baixos e médios que gerem atualmente pequenas ou microempresas ou que estão empregadas e podem demonstrar um rendimento estável verificável. Estima-se ou prevê-se a concessão de 753 empréstimos a pessoas com rendimentos baixos e médios cuidadosamente selecionadas em aglomerados populacionais de baixos rendimentos em redor da cidade de Dar es Salaam.

Produtos de crédito à habitação

O programa de Microfinanciamento de Habitação da WAT-SACCOS oferece uma variedade de categorias de utilização de empréstimos que são relevantes para o desenvolvimento incremental da habitação de pessoas com baixos rendimentos no país. O programa oferece 5 produtos de habitação que são: compra de terrenos, terrenos registo, serviços (água e saneamento, ligação eléctrica, estradas e sistema de drenagem), construção de casas adicionais e renovações ou melhoramentos maiores ou menores das casas.

Metodologia de entrega

O programa de microfinanciamento da habitação da WAT-SACCOS adoptou a metodologia de concessão ou empréstimo individual e em grupo na execução do seu programa de empréstimos à habitação. O sistema de empréstimos de microfinanciamento à habitação explora a utilização de empréstimos baseados em grupos para conceder empréstimos de microfinanciamento à habitação a membros de baixo rendimento da WAT-SACCOS. Um grupo é constituído por um mínimo de 3 a 5 membros, que podem ou não ser federados num grande grupo de 20 membros. Existe um mecanismo bem definido para a operacionalização do *Upatu* e do grupo guarda-chuva. O grupo de cúpula é a entidade administrativa e jurídica através da qual serão efectuadas as transacções de empréstimos a indivíduos. Estes grupos, particularmente os que têm como objetivo a mobilização de poupanças, são um veículo eficaz para canalizar o crédito para os membros com baixos rendimentos. A fragilidade do grupo afecta diretamente o reembolso do empréstimo, uma vez que a força do produto de empréstimo reside na coesão que é caraterística da metodologia de empréstimo de grupo. A segurança é proporcionada pelas poupanças individuais e de grupo e os membros actuam como uma garantia uns para os outros e para a WAT-SACCOS. A metodologia individual é aplicada a clientes que não estão dispostos a aderir a qualquer grupo de solidariedade; no entanto, têm de cumprir os requisitos de empréstimo estipulados na secção 6.3.3.

6.3.3. Requisitos para a concessão de empréstimos

Elegibilidade, termos e condições

Os empréstimos são concedidos aos membros da WAT-SACCOS que tenham efectuado poupanças durante 2 a 3 meses e que tenham respeitado todas as disposições estatutárias da SACCOS. Além disso, devem ser respeitadas as seguintes condições:

i) Gerem atualmente pequenas ou microempresas ou estão empregados; demonstram capacidade para administrar fundos de empréstimos, ou seja, devem ter rendimentos estáveis verificáveis

ii) Ter idade igual ou superior a 18 anos

iii) Ser membro de um pequeno grupo de 3 a 5 pessoas ou de um grupo de solidariedade com pelo menos 20 membros,

iv) Ser membro ativo do WAT-SACCOS há, pelo menos, 3 meses a 6 meses;

v) A proximidade do terreno e/ou da casa em que o empréstimo será aplicado deve estar dentro das áreas operacionais pré-determinadas do WAT-SACCOS para o período piloto.

vi) Pelo menos 2 fiadores para o empréstimo individual e, para o empréstimo coletivo, todo o grupo é solidariamente responsável

vii) Prova de propriedade do terreno ou da propriedade

viii) Pelo menos 3 meses de poupanças consistentes de um mínimo de TShs. 30.000 por mês, no mínimo, antes do pedido de empréstimo, com base em 20% de garantia em numerário e 10% de poupanças obrigatórias do empréstimo a contrair.

ix) A garantia obrigatória para os membros do Grupo e para os membros individuais é a perfeição das garantias individuais ou dos penhores, ou seja, as garantias ou os penhores devem cobrir pelo menos 150% do empréstimo adiantado.

x) Todos os membros que solicitam um empréstimo devem ter um saldo de acções SACCOS não inferior a 10% do empréstimo solicitado.

Análise da acessibilidade económica dos clientes activos do WAT-SACCOS

As instituições de microfinanças surgiram para servir as pessoas com rendimentos baixos e médios; no entanto, nem todas as pessoas com rendimentos baixos podem ser bancadas por estas instituições. Para ter acesso ao microfinanciamento da habitação, é necessário ser empreendedor ou ser economicamente estável. É efectuada uma avaliação dos rendimentos do agregado familiar e da empresa para determinar se os potenciais mutuários são capazes de pagar o empréstimo sem pôr em causa outras necessidades básicas. Todos os membros devem demonstrar capacidade de reembolso antes de lhes ser concedido qualquer empréstimo à habitação. O membro deve cumprir as seguintes condições:

i) Não deve ter outras dívidas de outras organizações

ii) O reembolso mensal não pode exceder 30% do rendimento líquido

iii) A poupança balão é permitida, mas não será um critério de qualificação para um membro contrair um empréstimo.

6.3.4 Processo de empréstimo à habitação WAT-SACCOS

A WAT-SACCOS definiu uma série de passos a serem seguidos tanto pelos agentes de crédito como pelos potenciais clientes, de modo a que um potencial cliente possa aceder a um empréstimo para a construção de habitação. O processo começa com a organização de programas de divulgação e promoção e termina com os planos de reembolso do empréstimo.

Etapa 1: Divulgação e promoção

A divulgação e promoção é o processo de sensibilização para a disponibilidade dos serviços WAT-SACCOS para os potenciais proprietários de casas onde o inquérito indicou algum potencial. O processo é realizado para familiarizar os potenciais clientes com as operações do WAT-HST e do WAT-SACCOS e interessá-los em participar no programa. Este processo também permite aos agentes de crédito e a todo o gabinete principal cultivar uma boa relação de trabalho com os funcionários administrativos locais. O principal ponto de entrada para este processo é a reunião pública.

Etapa 2: Formação do grupo e fase de orientação

A primeira impressão criada aquando da apresentação do WAT-HST e do WAT-SACCOS é crucial, uma vez que tem um impacto na forma como o programa é visto mais tarde pelos potenciais proprietários. Quando as comunidades locais da área operacional aceitam o programa, têm de ser organizadas em pequenos grupos de 3 a 5 pessoas, seguindo-se reuniões introdutórias semanais ou quinzenais. Esta fase pode durar até seis semanas e cada semana tem actividades específicas que incluem: familiarização dos membros, papel e responsabilidades do grupo, explicação e distribuição dos requisitos de empréstimo, avaliação das actividades económicas dos membros, organização de visitas de troca de casas pelos próprios membros, eleição de uma comissão provisória e conceção de um registo de presenças, livro de actas e livro de exercícios para multas. A etapa também inclui actividades como a elaboração e aprovação da constituição do grupo, que são as regras e regulamentos que regem o grupo. No final da fase, são eleitos os responsáveis do grupo e os documentos necessários para o registo são apresentados aos responsáveis pelos empréstimos.

Etapa 3: Poupança para adiantamentos

A fase de poupança para adiantamentos marca o fim da fase de orientação e formação do grupo. Nesta fase, os membros do grupo já foram aceites como clientes do WAT-SACCOS e o grupo obteve o registo do Ministério competente. Nesta altura, deve ser aberta uma conta na SACCOS para depositar as suas poupanças para o pagamento da entrada. As actividades desta fase podem durar 8 semanas, desde a semana 7 até à semana 14. As principais actividades incluem a mobilização das poupanças dos membros do grupo numa base semanal ou mensal, a instrução dos membros sobre a documentação e a gestão do grupo, e a eleição e formação da comissão de empréstimos sobre a forma de efetuar a avaliação do agregado familiar.

Além disso, os clientes recebem formação sobre o conteúdo e a importância da caderneta como registo financeiro individual. Os funcionários do grupo recebem formação sobre como manter e atualizar os registos do grupo, ou seja, o livro de registo dos membros, o livro de actas e a lista de presenças. A principal atividade nestas reuniões é encorajar os membros a fazerem contribuições para a abertura de uma conta de grupo. Os agentes de crédito ajudam os tesoureiros do grupo a refletir as contribuições como poupanças nas cadernetas dos membros e os membros do grupo são aconselhados sobre a percentagem necessária para o adiantamento das poupanças, de acordo com o calendário. Para concluir esta etapa e antes de entrar na quarta etapa, os clientes recebem formação sobre o conteúdo dos formulários de pedido de empréstimo e os documentos a anexar. Os agentes de crédito confirmam que o montante das poupanças de cada requerente corresponde à percentagem exigida para cada empréstimo. É efectuada uma avaliação dos rendimentos ou da empresa antes de o cliente poder solicitar o empréstimo, a fim de garantir a capacidade de reembolso e evitar riscos desnecessários ou incumprimento.

Etapa 4: Pedido de empréstimo e celebração do contrato

Um cliente pode passar à quarta etapa se compreender todas as etapas anteriores e todos os requisitos antes de solicitar um empréstimo. Os agentes de crédito entregam os formulários de pedido de empréstimo e os contratos aos requerentes. Os clientes preenchem os formulários e anexam os documentos relevantes, por exemplo, uma declaração juramentada de identidade, uma cópia do título de propriedade ou documentos de propriedade da terra. Os agentes de crédito recolhem os formulários devidamente preenchidos e levam-nos para o escritório principal para processamento do empréstimo. Os agentes de crédito e o técnico de construção do WAT-HST facilitam a identificação dos fornecedores de materiais de construção e dos *fundis* com base nos orçamentos.

Etapa 5: Pagamento do empréstimo ou do material

Este é normalmente o passo mais feliz para todos os clientes, uma vez que se centra no desembolso efetivo dos empréstimos para a construção de habitações. Os membros do grupo ou os clientes são informados sobre o desembolso dos cheques e acordam a data ou a compra dos materiais de construção. Os empréstimos são desembolsados pela seguinte ordem: o montante do empréstimo é registado nas cadernetas, na nota de entrada de mercadorias e na nota de saída de mercadorias. Os *fundis* são selecionados e assinam os contratos.

Os Fundis recebem formação sobre o pacote de projectos de casas. O cheque para o fornecedor é desembolsado e os funcionários do WAT-HST aconselham os beneficiários sobre a aquisição de materiais de construção, a construção da casa e a gestão do empréstimo. Cada cliente assina os bens emitidos e acusa a receção dos materiais de construção e o funcionário de crédito informa os clientes sobre a prestação provisória do empréstimo e a data provável proposta para o primeiro vencimento.

Etapa 6: Fase de construção

A fase de construção consiste em dar feedback sobre o estado da construção ou melhoramento da casa e sobre os materiais de construção fornecidos na etapa ou na semana anterior. Os agentes de crédito continuam a assegurar que todos os clientes continuam a fazer as poupanças semanais, a recolher materiais e a construir ou melhorar a casa e/ou qualquer outro projeto para o qual os empréstimos foram solicitados. Os clientes são relembrados das datas de reembolso e do montante das prestações devidas, enquanto os membros dos pequenos grupos são convidados a ajudar os seus colegas na construção, ou seja, a definir a data, a logística, etc. Estão previstas visitas domiciliárias para garantir a realização das actividades referidas e verificar se os empréstimos foram utilizados como previsto ou desviados.

Etapa 7: Acompanhamento da construção e reembolso do empréstimo

A fase de construção centra-se principalmente no reembolso, no acompanhamento do progresso do projeto de acordo com o calendário e a documentação dos empréstimos desembolsados, e na revisão do progresso da ajuda mútua entre membros/mutuários. Os mutuários ou clientes são lembrados sobre o reembolso atempado do primeiro desembolso. O tesoureiro do grupo é ajudado a preencher os talões de depósito bancário para os reembolsos dos empréstimos e a preencher os mesmos detalhes na caderneta de cada cliente.

Figura 6. 1: Mapa do processo de empréstimo

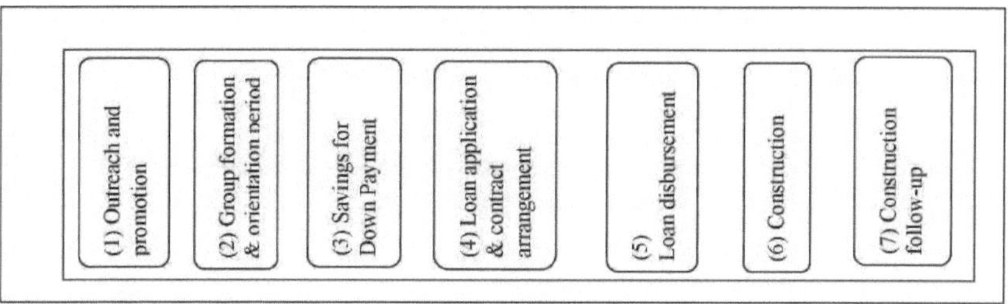

Fonte: Resumo do manual de empréstimos WAT-SACCOS, 2010

Quadro 6. 1: Resumo dos requisitos para a concessão de empréstimos

Condições	**Descrições**
Elegibilidade dos clientes	• *Idade* : Mais de 18 anos • *Género* : Masculino ou Feminino • *Rendimento:* Pessoas com rendimentos baixos e médios economicamente estáveis • *Situação profissional:* assalariado ou sector informal

	• *Localização do projeto:* deve situar-se na zona de exploração designada e apresentar provas de segurança fundiária sob a forma de título de propriedade, licença de habitação, contrato de venda e/ou documento assinado pela administração local que ateste que o terreno não é público ou proibido
Montante do empréstimo	• Aquisição de terrenos: até 2.500.000 TShs • Registo predial: até 750 000 TShs • Ligação de serviços: até 500 000 TShs • Nova construção: até 7 000 000 TShs numa base incremental
Período do empréstimo	• 6 meses, 12 meses, 18 meses e 24 meses • Os clientes são aconselhados a escolher um plano de reembolso que não seja comprometido
	As prestações devem cumprir critérios de acessibilidade que não excedam 25% do rendimento do agregado familiar e/ou 40% do endividamento total para a combinação do montante do empréstimo com o prazo selecionado.
Período de carência	- 1 mês de carência sobre o capital
Frequência de pagamento	- Mensal
Taxa de juro	- 1,5% por mês ou 18% por ano
Seguros	- Crédito vitalício contra morte ou invalidez permanente; 1% por ano sobre o capital
Segurança/garantia	• Caução de 8% do montante do empréstimo paga à cabeça e devolvida no final do empréstimo ou aplicada aos pagamentos finais • Os bens móveis ou títulos penhorados viáveis devem cobrir mais de 150% do montante do empréstimo • Cada cliente deve ter pelo menos um fiador ou uma garantia de grupo

Fonte: Trabalho de campo, 2010

6.3.5 Garantias e gestão de riscos

A WAT-SACCOS está bem informada sobre o número de riscos associados ao financiamento da habitação e está consciente de que estes riscos têm de ser geridos de forma adequada para que o sistema funcione com êxito e de forma sustentável, a fim de atingir um grande mercado. Entre outros riscos relacionados com o financiamento da habitação, o Programa de Microfinanciamento da Habitação da WAT-SACCOS identificou o incumprimento como um risco crítico e estabeleceu algumas estratégias de atenuação relevantes para o risco identificado.

Risco de incumprimento: O diagnóstico de incumprimento é efectuado utilizando os seguintes sinais e sintomas que ajudam os agentes de crédito a diagnosticar atempadamente um problema emergente de incumprimento: fraca participação nas reuniões, poupanças não realizadas, pagamentos parciais, deterioração da pressão dos pares, mudança ou deterioração e/ou encerramento de negócios, e má conduta dos membros tanto nas reuniões como fora delas. Prevenir o incumprimento é sempre importante e os funcionários responsáveis pelos empréstimos têm de se lembrar que é mais difícil curar o incumprimento do que evitá-lo. Isto deve-se ao facto de ser bastante dispendioso, em termos de custos, evitar o incumprimento. Isto deve-se ao facto de ser bastante dispendioso, em termos de tempo e de custos financeiros, acompanhar o incumprimento e recuperar a totalidade da dívida.

As dicas que se seguem destinam-se a ajudar a manter o incumprimento afastado: ter uma atitude positiva em relação ao trabalho do oficial de empréstimos, garantir que os oficiais de empréstimos examinem cuidadosamente todos os novos clientes, realizem uma avaliação completa do agregado familiar e adiantem aos clientes os tamanhos de empréstimo apropriados, realizem uma orientação e formação completas dos clientes sobre os requisitos de empréstimo da WAT-SACCOS desde o início, participem em todas as reuniões semanais ou mensais do grupo, assegurar que os registos do grupo estão bem guardados e são sempre precisos, manter sempre os registos actualizados e precisos, tanto o grupo como os funcionários responsáveis pelos empréstimos devem tomar medidas imediatas em caso de atraso ou falta de pagamento, basear sempre os montantes dos empréstimos nos fluxos de caixa actuais da empresa e não em projecções, os funcionários responsáveis pelos empréstimos devem assegurar sempre serviços de qualidade. Por exemplo, devem processar os empréstimos no mais curto espaço de tempo possível, fazer visitas improvisadas às instalações comerciais dos clientes com a maior frequência possível, assegurar que todos os grupos têm líderes competentes, respeitáveis e de confiança, encorajar os membros do grupo a terem algumas actividades socioeconómicas fora das actividades associadas ao WAT-SACCOS. Se bem conduzidas, acredita-se que estas actividades enriquecerão o grupo e reforçarão o sistema de garantia do grupo.

Gerir o incumprimento: Quando o incumprimento se instala, os funcionários responsáveis pelos empréstimos devem aplicar uma ou, se necessário, uma combinação de medidas para travar este problema devastador que foi apelidado de "a besta escondida" nas microfinanças de habitação. Seguem-se algumas das medidas que se verificou funcionarem ao longo do tempo: utilização da pressão dos pares, utilização de cobranças individuais, e aviso de exigência.

i) Utilização da pressão dos pares:

Foi concebido para facilitar a aplicação da pressão dos pares relativamente a eventuais incumprimentos. Num grupo pequeno, isto deve ser aplicado inicialmente a nível do grupo pequeno. Insistir para que o pequeno grupo pague a prestação em falta e, depois da reunião, contactar o incumpridor. Se o pequeno grupo não puder pagar a totalidade da prestação, assegure-se de que o fiador paga essa prestação. Se os outros membros tiverem levantado a prestação, assegurar que os membros acompanhem o incumpridor antes da reunião seguinte.

ii) Utilização da recolha individual:

Acompanhar o incumpridor, independentemente ou com o grupo, e exigir-lhe o reembolso do saldo total do empréstimo.

iii) Aviso de pedido

Se o incumpridor não cooperar, os agentes de crédito devem enviar aos clientes uma carta de exigência assinada pelo Gestor do Programa. Se a inadimplência se agravar, considerar as seguintes opções: Insistir para que os membros do grupo contribuam para pagar essa quantia. As contribuições devem ser distribuídas igualmente entre todos eles. Perder as poupanças, primeiro do incumpridor, depois do pequeno grupo ou de todo o grupo, no caso dos grupos existentes. Organizar-se com os membros do grupo para penhorar os objectos penhorados do incumpridor. Usar a administração local para exigir o pagamento. Outros agentes de crédito podem ser associados para acompanhar os incumpridores. Na incerteza sobre a cobrança da dívida, pode-se recorrer aos serviços de um leiloeiro ou de um advogado. Os agentes de crédito são aconselhados a contactar também os familiares e amigos do incumpridor para que paguem a dívida. Outras medidas incluem que o cliente deve ter 2 fiadores, deve pagar 25% do montante solicitado a ser emprestado, e o cliente deve possuir bens ou móveis no valor do montante a ser emprestado. Recomenda-se que os mutuários apresentem um certificado de propriedade ou uma licença de residência.

Segurança da posse dos clientes WAT-SACCOS

O programa de Microfinanciamento de Habitação da WAT-SACCOS exige que o cliente cumpra os requisitos de empréstimo. Entre outros, os clientes devem possuir uma propriedade com posse segura e não devem estar a viver numa área perigosa. No entanto, a garantia de grupo é muito mais aplicável do que quaisquer outras formas de segurança. As autoridades locais escrevem cartas para confirmar as residências dos clientes no bairro antes de poderem ser concedidos quaisquer empréstimos.

6.3.5. Empréstimos à habitação desembolsados

De abril de 2009 a maio de 2010, o programa de Microfinanças de Habitação da WAT-SACCOS conseguiu desembolsar 30 empréstimos à habitação no valor de 30 740 000 TShs, que foram categorizados em desembolsos de empréstimos por: produtos de habitação ou utilização do empréstimo, finalidade do empréstimo, empréstimo por género, por período de empréstimo, idade, divisões administrativas e níveis de educação. As categorias de desembolso de empréstimos são analisadas a seguir:

Empréstimo desembolsado por produto de habitação ou utilização do empréstimo

Foi revelado que os produtos de empréstimo ou o uso do empréstimo no momento do desembolso foram os seguintes: construção nova ou incremental 8, melhoria ou renovação de habitação 13, registo e/ou regularização de terras 4, e por último ligação de serviços 5. No total, foram desembolsados 30 empréstimos à habitação e estão resumidos na Tabela 6.2 e na Figura 6.3:

Quadro 6. 2: Empréstimo desembolsado por produto de habitação ou utilização do empréstimo

S/N	Produtos de habitação	Número de empréstimos desembolsados	Percentagem do empréstimo desembolsado
1	Melhoria da habitação	13	43%
2	Nova construção	8	27%
3	Regularização fundiária	4	13%
4	Ligação de serviços	5	17%
Total		30	100%

Fonte: Trabalho de campo, 2010

Figure6.2: Número de empréstimos desembolsados em Kinondoni

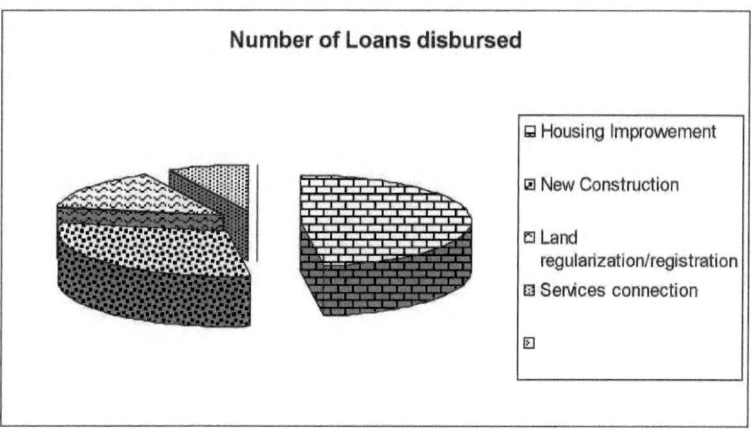

Fonte: Trabalho de campo, 2010

Foram estabelecidos quatro períodos de empréstimo diferentes, dos quais o cliente é aconselhado a escolher um de acordo com a sua capacidade de reembolso calculada pelo funcionário responsável pelo empréstimo. As estatísticas do terreno mostram que, dos 30 empréstimos desembolsados até à data, 8 empréstimos foram desembolsados por um período de 6 meses, 11 empréstimos por 12 meses, 7 empréstimos por 18 meses e, finalmente, 4 empréstimos foram programados para 24 meses. Os resultados do terreno revelaram que, entre os 30 beneficiários de empréstimos, 14 eram homens e 16 eram mulheres, como mostra a Figura 6.3.

Figure6.3: Desembolso por período de empréstimo

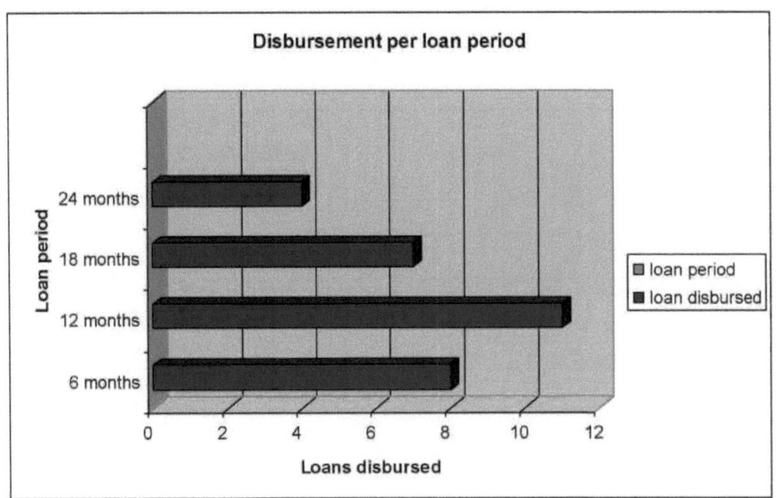

Fonte: Trabalho de campo, 2010

Figura 6.4: Desembolso de empréstimos por género

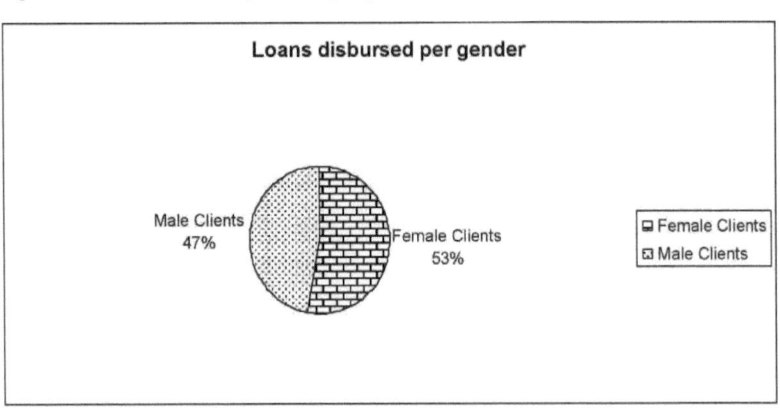

Fonte: Trabalho de campo, 2010

Empréstimo desembolsado por objetivo do empréstimo

A finalidade do empréstimo refere-se à utilização principal da estrutura ou do produto para o qual o empréstimo é solicitado, que pode ser principalmente para fins residenciais ou de arrendamento. Os resultados do campo mostram que 53% de todos os empréstimos desembolsados foram usados para desenvolver casas residenciais pessoais. A Tabela 6.3 mostra o que está a acontecer na área operacional do programa de Microfinanças Habitacionais do WAT-SACCOS.

Quadro 6. 3: Desembolso por objetivo do empréstimo

S/N	Objetivo do empréstimo	Número de empréstimos	Percentagem
1	Residência pessoal	16	53%
2	Unidade de aluguer na residência principal	6	20%
3	Unidade de aluguer num terreno separado	3	10%
4	Utilização comercial no lote de residência principal	5	17%

Fonte: Trabalho de campo, 2010

Empréstimo desembolsado por ala

O município de Kinondoni está dividido em 27 circunscrições administrativas, das quais 6 estão atualmente dentro das áreas de operação do programa de microfinanciamento de habitação WAT-SACCOS, com o objetivo de se expandir para outras circunscrições. O Mapa 6.1 mostra as actuais áreas de operação do programa de microfinanças WAT-HST e WAT-SACCOS. Além disso, existem mais 2 bairros localizados no município de Ilala, uma vez que o programa alargou a sua produção para alcançar mais pessoas com rendimentos baixos e médios. Após um longo período de tempo de campanha de sensibilização e promoção; e de partilha de informação entre amigos e familiares sobre empréstimos à habitação, a capacidade de resposta dos residentes das freguesias de Hanna nassif e Bunju foi superior à dos outros. O Quadro 6.4 resume os desembolsos de empréstimos por bairro, em número e percentagem, com o bairro de Hanna nassif a liderar com 36,7%, seguido do bairro de Bunju, que tem 23,3% de todos os empréstimos desembolsados em Kinondoni e parte dos municípios de Ilala.

Quadro 6. 4: Desembolso de empréstimos por distrito

S/N	Nome da ala	Empréstimo desembolsado	Percentagem (%)
1	Hannanassif	11	36.7

2	Kawe	3	10
3	Mwananyamala	3	6.67
4	Bunju (Mivumoni)	7	23.3
5	Kigogo	2	6.67
6	Vingunguti	2	6.67
7	Manseze	2	10

Fonte: Trabalho de campo, 2010

Mapa 6. 1: Localização das áreas de operação do WAT-SACCOS no município de Kinondoni

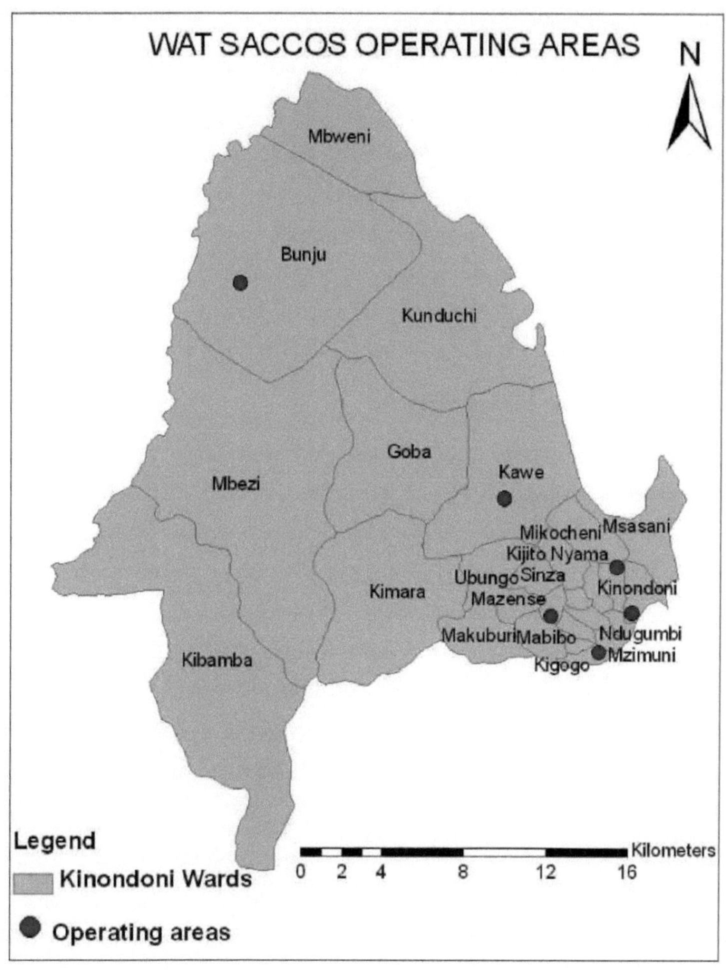

Fonte: Com base nos resultados da investigação, 2010

Rácio de empréstimos na promoção da habitação

Os inquéritos aos agregados familiares revelaram que todos os clientes activos eram economicamente estáveis, com alguns projectos viáveis, e eram automaticamente elegíveis para empréstimos para construção de habitações para aquisição de terrenos, construção nova e melhoramento ou renovação de habitações. Foi revelado que 55,9% do custo total da melhoria da habitação foi coberto por outras fontes de rendimento dos proprietários de casas, enquanto o empréstimo recebido cobriu quase 44,1%. Não se registaram queixas por parte dos clientes activos relativamente ao processo de empréstimo, aos requisitos e encargos do empréstimo e 11% dos clientes activos entrevistados já tinham contraído um segundo empréstimo, enquanto 89% mostraram interesse em voltar a candidatar-se a empréstimos subsequentes.

Prestações acumuladas após o desenvolvimento da habitação

Os clientes do programa de Microfinanciamento Habitacional da WAT-SACCCOS enumeraram uma série de benefícios que obtiveram depois de melhorarem ou construírem uma nova casa ou mesmo de adquirirem uma parcela de terreno. Os benefícios acumulados foram os seguintes: propriedade da casa, maior segurança de posse, aumento do número de divisões, segurança, autoestima, aumento do rendimento do aluguer, conforto, ambiente saudável e melhores condições de vida.

6.4. Aspectos dos serviços de apoio à habitação

A WAT-HST é a instituição que presta serviços de apoio à habitação no âmbito do programa de microfinanciamento à habitação. A filosofia subjacente aos serviços de apoio à habitação, também designados por assistência técnica à construção para potenciais clientes, assenta na lógica da garantia da qualidade dos serviços e do reforço dos prazos de reembolso. A WAT-HST acredita que alguns clientes tendem a desviar os empréstimos para outras necessidades diferentes das necessidades originais para as quais o empréstimo foi solicitado, o que mais tarde afecta os prazos de reembolso. A tendência no sector da habitação não sugere fortemente uma forte ênfase na assistência técnica à construção ou nos serviços de apoio à habitação, embora várias IFH com raízes na redução da pobreza vejam as suas vantagens na prossecução de uma agenda de desenvolvimento.

A WAT-HST considera que a assistência técnica à construção é importante para essa agenda de desenvolvimento e também trabalha com a hipótese de que a assistência técnica à construção pode, de facto, levar a construção de casas ou os empréstimos para novas construções a modelos de negócio mais avançados que ajudam a crescer e a fazer com que um produto da IFH tenha sucesso. Os serviços de apoio à habitação em projectos de melhoria da habitação no âmbito da WAT-HST incluem o seguinte: sensibilização através de programas de divulgação e promoção, conceção de casas, apoio à construção e reforço das capacidades dos seus clientes durante todo o processo de empréstimo, tal como se refere a seguir:

6.4.1 Criação de consciência

O WAT-HST estabeleceu um programa semanal de sensibilização e promoção. O programa de divulgação e promoção é definido como o processo de sensibilização para a disponibilidade dos serviços do WAT-HST a potenciais proprietários de casas onde o inquérito indicou algum potencial. O processo é realizado para familiarizar os potenciais clientes com as operações do WAT-HST e do WAT-SACCOS e interessá-los em participar no programa. Durante as campanhas promocionais, são essencialmente abordados temas como os antecedentes do WAT-HST e do WAT-SACCOS, os objectivos do programa de microfinanciamento da habitação, os termos e condições dos empréstimos, o processo de empréstimo e a importância do desenvolvimento da habitação e dos grupos de habitação no processo de empréstimo.

Durante esta fase, as autoridades locais são também informadas sobre o programa e o seu papel na facilitação do processo.

As pessoas com baixos rendimentos têm direito à informação, tal como os outros cidadãos de qualquer país do mundo. Devem ser informados sobre as oportunidades de crédito à habitação disponíveis na cidade, para que possam ter acesso a empréstimos para a construção da sua habitação. Esta parte do estudo teve como objetivo analisar o acesso à informação relativa à disponibilidade de empréstimos no bairro. Foi revelado que 77% dos clientes activos entrevistados tomaram conhecimento do programa de Microfinanciamento Habitacional da WAT-SACCOS através de campanhas de divulgação e promoção, 31% tomaram conhecimento através de amigos, familiares e beneficiários de empréstimos, enquanto 2% tomaram conhecimento do programa habitacional através de folhetos ou brochuras distribuídos pelos agentes de crédito.

6.4.2 Reforço das capacidades

O programa de divulgação e promoção abre novas áreas de mercado para o programa de microfinanciamento de habitação a pessoas com rendimentos baixos e médios nas suas povoações. Depois de serem informados sobre os produtos de empréstimo e os requisitos de empréstimo, os clientes dispostos a aderir ao programa são conduzidos através de uma série de programas de formação destinados a reforçar as suas capacidades em várias áreas, incluindo: estratégias de formação de grupos, aquisição de materiais de construção, competências de construção, manutenção de registos, processo de seleção de um bom fundiário ou pedreiro local, gestão do tempo no ciclo do projeto de construção e processo de empréstimo. Também é oferecido apoio técnico durante o período de construção para garantir a qualidade dos materiais de construção, supervisionando o *fundi* local.

Os resultados mostram que todos os inquiridos (100%) participaram em workshops de iniciação, onde foram abordados temas como a formação e gestão de grupos, o processo de aquisição de materiais de construção, a estimativa de custos e a orçamentação, a seleção de pedreiros ou *fundiários* locais, a supervisão da construção e o controlo de qualidade. O projeto inclui orientações sobre onde comprar materiais de construção e como utilizá-los, como negociar contratos e gerir o processo de construção, e sobre o desenvolvimento do orçamento. O desenvolvimento do orçamento vai desde a avaliação de um orçamento proposto pelos clientes activos da WAT-SACCOS para garantir que as estimativas de custos propostas são razoáveis, viáveis e estão de acordo com a capacidade de reembolso dos clientes, até ao desenvolvimento do orçamento de construção real. 63% dos inquiridos disseram que o apoio que receberam na elaboração da proposta de orçamento de construção os ajudou a gerir bem os empréstimos, embora alguns deles tenham ido intencionalmente além do orçamento.

6.4.3 Conceção da casa

O técnico civil contratado pela WAT-HST prepara diferentes protótipos de projectos de casas que são apresentados aos clientes activos para escolha. O projeto da casa é por vezes modificado de acordo com as necessidades e recomendações dos clientes. Esta é uma das medidas para garantir que todos os serviços oferecidos pela organização são controlados e geridos por um funcionário ou pessoal responsável. Todos os clientes activos (27%) com empréstimos para novas construções confirmaram ter beneficiado de apoio técnico em termos de pré-conceção da casa, que é posteriormente modificada de acordo com as necessidades dos clientes. A placa 6.1 apresenta uma amostra de casas-modelo desenhadas pela WAT-HST com o objetivo de prestar aos clientes activos alguns serviços de apoio técnico à habitação.

Figura 6: Um dos modelos de projeto de casa preparado pelo WAT-HST

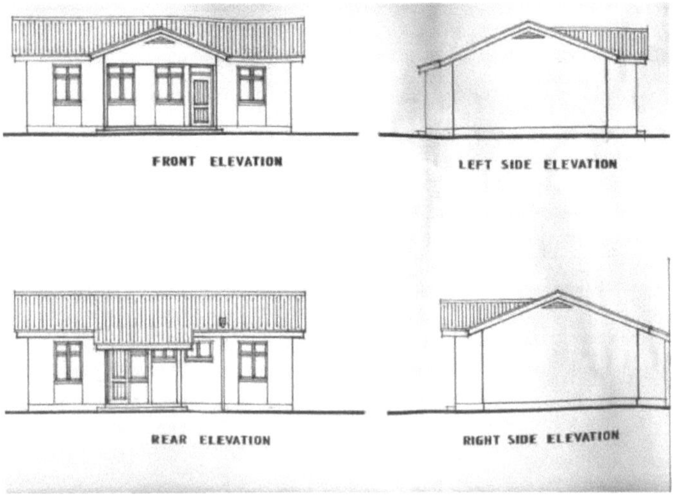

Fonte: Manual de desenhos WAT-HST, 2010

6.4.4 Apoio à construção

Uma vez registados e preenchidos os formulários de pedido de empréstimo, os clientes podem beneficiar de assistência técnica à construção, que varia em função do empréstimo solicitado. Entre outros, os clientes beneficiam dos seguintes tipos de assistência: aquisição de terrenos e planeamento do desenvolvimento de infra-estruturas, preparação de planos e especificações de melhoramento, processamento de licenças de construção do Ministério do Território, da Habitação e dos Estabelecimentos Humanos, competências de supervisão para o controlo da qualidade da construção, certificação de pagamentos, encaminhamento de artesãos, estimativas de custos de materiais de construção, orçamentação e cálculo de custos de construção, levantamento do planeamento do local, métodos de construção e garantia de posse ou propriedade.

O desenvolvimento de habitações, de acordo com o WAT-SACCOS, inclui a aquisição de terrenos, a construção nova ou incremental, a regularização de terrenos, a atualização ou melhoria das habitações e a ligação a infra-estruturas e serviços básicos, tais como o abastecimento de água, o fornecimento de energia e a construção de latrinas de fossa. O apoio à construção é prestado para que a qualidade possa ser assegurada e as normas cumpridas, enquanto a supervisão da construção existe para assegurar o controlo da qualidade.

Quase todos os beneficiários de empréstimos ou inquiridos (97%) confirmaram ter beneficiado de apoio técnico à construção por parte da WAT-HST, que concebeu um pacote especial de serviços de apoio à habitação, empregando um técnico de engenharia civil. Todos os inquiridos recomendaram que a prestação de serviços de apoio à habitação continuasse a ser parte integrante do programa de microfinanciamento da habitação, para garantir serviços de qualidade. O técnico de engenharia civil supervisiona os pedreiros ou *fundiários* locais durante o processo de construção antes de serem pagos. Para garantir a utilização correta dos empréstimos, a WAT-SACCOS emite cheques de material de construção aquando do desembolso e uma boa nota de emissão. Ambos os documentos ajudam a organização a gerir a utilização correta dos empréstimos e a garantir que os empréstimos não são desviados.

6.5. Aspectos das tecnologias da informação e da comunicação (TIC)

6.5.1 Sistema de informação de gestão

Os clientes começam por preencher os seus dados pessoais nos formulários de registo e de pedido de empréstimo, que são posteriormente arquivados em caixas e introduzidos no sistema informático denominado modelo de cliente. O modelo de cliente é concebido com a ajuda de uma folha de cálculo do Microsoft Excel e apresenta informações como o nome do cliente, o sexo, o grupo de habitação e a localização, o montante do empréstimo, o calendário de reembolso e o tipo de empréstimo. As impressoras são utilizadas para imprimir quaisquer documentos relacionados com os clientes em particular e com o programa em geral.

6.5.2 Base de dados e perfil dos clientes de microfinanciamento de habitação da WAT-SACCOS

Durante o período de 12 meses de operações, o programa de Microfinanças de Habitação da WAT-SACCOS registou 7 grupos de habitação com 81 membros que se qualificam para solicitar empréstimos à habitação, tendo 30 deles solicitado e recebido esses empréstimos até agora. Os dados demográficos do campo foram resumidos nos seguintes grupos etários na Tabela 6.5: 20 a 35 anos, 36 a 45 anos, 46 a 55 anos de idade, enquanto o último grupo etário inclui pessoas com 56 anos de idade ou mais.

As entrevistas aos agregados familiares revelaram que da maioria dos clientes activos que contraíram empréstimos à habitação, 9 deles estavam no grupo etário dos 46-55 anos, seguidos de 7 clientes activos do grupo dos 56 anos e acima. 4 dos beneficiários do empréstimo pertenciam ao grupo dos 36-45 anos e apenas 2 tinham menos de 35 anos ou entre 20-35 anos. Por outras palavras, 40,9% de todos os clientes activos a quem foram concedidos empréstimos à habitação pertencem ao grupo etário dos 46-55 anos, seguidos de 31,8% do grupo etário dos 56 anos ou mais. Os grupos 36-45 e 20-35 têm, respetivamente, 4 e 2 clientes, o que representa 18,2% e 9,1% de toda a família de beneficiários de empréstimos.

Quadro 6. 5: Grupos etários dos beneficiários de empréstimos

S/N	Grupo etário	Clientes activos	Percentagem (%)
1	20-35	2	9.1
2	36-45	4	18.2
3	46-55	9	40.9
4	56+	7	31.8

Fonte: Trabalho de campo, 2010

A formação académica dos 222 clientes activos pode ser agrupada em cinco categorias, que são as seguintes: (i) Nenhuma, (ii) completou pelo menos o ensino primário, (iii) frequentou ou completou o ensino secundário, (iv) estudos de graduação e (v) estudos de pós-graduação. O estudo revela que 30,5% dos clientes activos frequentaram e/ou concluíram pelo menos o ensino primário universal, enquanto 57% deles frequentaram e/ou concluíram o ensino secundário. Relativamente às outras categorias, o estudo revelou que 9,5%, 2,3% e 0,7% foram registados como tendo estudos de graduação, pós-graduação e nenhum, respetivamente.

6.5.3 Utilização das TIC no programa de microfinanciamento da habitação

O Programa de Microfinanciamento Habitacional da WAT-SACCOS utiliza as Tecnologias de Informação e Comunicação (TIC) para facilitar o fluxo de informação entre os agentes de crédito e os seus clientes e dentro da organização. Os meios de TIC utilizados pelo programa incluem os seguintes: câmara digital, computadores pessoais e impressoras, e telemóveis.

Câmara digital e utilização de fotografias digitais

Os agentes de crédito e os técnicos de construção começaram a utilizar câmaras digitais durante a implementação do programa e as fotografias digitais são utilizadas principalmente para efeitos de elaboração de relatórios. São tiradas fotografias da propriedade ou dos activos e dos próprios clientes. Não foi criada uma pasta específica para a conservação sistemática de imagens no seu sistema informático, e as fotografias dos clientes de crédito são guardadas separadamente numa pilha.

A utilização de telemóveis

O programa reservou um fundo específico para as comunicações entre os agentes de crédito e os clientes, embora a maioria das questões e pedidos de informação dos clientes sejam tratados durante as reuniões de grupo que são organizadas numa base semanal ou mensal. Os resultados do inquérito aos agregados familiares revelaram que 73,7% dos clientes de crédito possuem aparelhos portáteis, enquanto 26,3% utilizam os dos seus cônjuges, filhos ou amigos próximos e vizinhos. A posse de telemóveis facilita a comunicação entre os agentes de crédito e os clientes durante o processo de empréstimo. Os clientes fornecem detalhes de contacto nos formulários de registo e de candidatura para facilitar a comunicação entre o escritório e os clientes, se necessário. Os agentes de crédito fazem também um acompanhamento telefónico dos clientes que pedem empréstimos, para evitar atrasos desnecessários que lhes custam o pagamento de multas.

6.6. Subcasos selecionados de construção de habitações no município de Kinondoni

Subcaso 1: Melhoria da casa em Hannanassif

Zainab Mwanaiddi, a proprietária da casa, é uma mulher empreendedora e inovadora que melhorou as condições de habitação e o rendimento do seu agregado familiar. Vive na casa desde os anos 70, altura em que o marido comprou o terreno. A casa principal, na Placa 6.1, era do tipo suaíli, com 6 divisões e uma casa exterior separada com 2 quartos, construída em taipa e pau a pique, coberta com velhas chapas de ferro ondulado. Antes de melhorar a casa, um quarto era alugado a 5.000 TShs por mês. Nessa altura, o agregado familiar tinha seis membros, ou seja, dois pais e quatro filhos.

Placa6. 1: A casa principal antes da renovação

Fonte: Arquivos WAT, 2008

O custo total dos melhoramentos da casa até ao nível indicado na Placa 6.2, foi estimado em TShs. 3.700.000 mas apenas TShs. 900.000 foram emprestados pelo WAT. Quando entrevistado sobre a suficiência do empréstimo, o inquirido respondeu: *"O empréstimo não é suficiente, mas dá-me um desafio para chegar ao próximo passo, para que eu possa completar o processo de melhoramento. Por exemplo, gastei o segundo empréstimo só para comprar portas, janelas, materiais para o chão e estuque".*

Mas quando questionada sobre o seu receio e a sua capacidade de pagar o empréstimo, respondeu que estava disposta a contrair mais empréstimos porque, depois de melhorar as duas divisões separadas, utiliza as rendas para pagar o empréstimo. Atualmente, vivem 13 pessoas no terreno e ela ganha 40.000 por mês com os quartos alugados. Como uma das empresárias mais conhecidas do assentamento, a Sra. Zainab gera renda a partir de seus dois quartos e da venda de legumes em um quiosque perto de sua casa, como mostra a figura 6.3. A filosofia do WAT-SACCOS é servir o empréstimo de acordo com a capacidade de poupança do mutuário ou do beneficiário do empréstimo. O reembolso é efectuado de acordo com o empréstimo concedido, para um empréstimo de TShs. 200.000; TShs. 300.000 e TShs. 400.000, o inquirido pagou ou pagou TShs. 20.000, 30.000 e 40.000, respetivamente.

Figura 6. 5: Proporção de fontes de financiamento da habitação

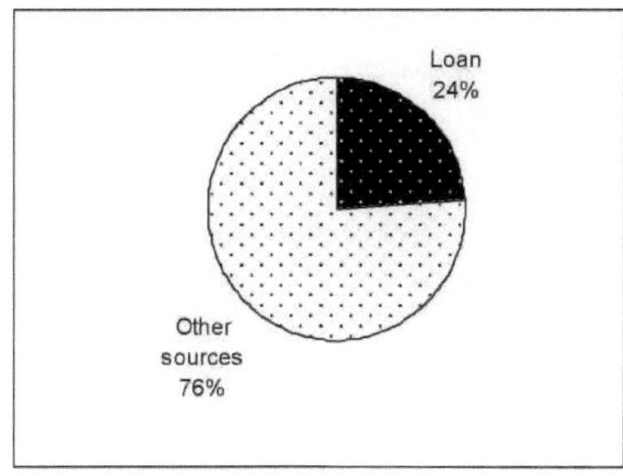

Fonte: Trabalho de campo, 2010

Placa6. 2: A casa atual após a modernização

Fonte: trabalho de campo, 2010

Sub-caso 2: Casa de baixo rendimento em Mivumoni, Bunju

O Sr. Charles Solom viveu na cidade a arrendar durante quase 25 anos antes de poder adquirir um terreno em julho de 2007 para construir a sua própria casa para alojar a sua família de 5 membros. Dependendo do magro salário da sua esposa e do rendimento do seu trabalho ocasional, ele podia atrever-se a pensar em ter uma casa na cidade. O Sr. Charles tomou conhecimento do crédito à habitação do WAT-HST e do WAT-SACCOS através de um cartaz afixado numa paragem de autocarro, pelo que decidiu visitar o escritório para obter mais informações. Como exigido, o Sr. Charles teve de se juntar a um pequeno grupo de 5 pessoas dentro de um grupo de solidariedade conhecido como Makabora, que tem mais de 50 membros neste momento. Ele poupou durante 3 meses antes de conseguir o seu primeiro empréstimo de 1.220.000 TShs para a aquisição de lotes no projeto de 20.000 lotes em Mivumoni, no bairro de Bunju. Depois de ter pago o empréstimo durante 18 meses, Charles e a sua mulher decidiram pedir um empréstimo para a construção de um edifício residencial no seu novo terreno.

O Sr. Charles pediu e obteve o seu segundo e terceiro empréstimos no valor de 5 milhões de TShs, respetivamente, em julho de 2008 e em setembro de 2009. Cada empréstimo era de 2,5 milhões de TShs por empréstimo, o que era suficiente para a construção da sua habitação. O empréstimo permitiu-lhe adquirir e transportar materiais de construção do centro do bairro de Tegeta, no distrito de Bunju, para o seu local de construção, situado a 4 km do centro comercial. O mesmo empréstimo ajudou-o a lançar os alicerces e a erguer as paredes de dois quartos, uma sala de estar e uma sala de jantar, um projeto adotado pelo gabinete WAT-HST.

Devido à insuficiência do empréstimo, ele teve de obter outros recursos financeiros das suas próprias poupanças familiares. Foram usados mais 3.850.000 TShs para completar a casa, como se pode ver na Placa 6.4. Entre outras coisas, o fundo adicional tornou possível o projeto de habitação, pois ele pôde comprar materiais para o telhado, materiais de acabamento, materiais para o chão e pagar o *fundo*. Devido à falta de serviços básicos no bairro recentemente planeado, o Sr. Charles foi obrigado a escavar o seu próprio furo e a assegurar um painel solar ao custo de 9.800.000 TShs. Agora, o Sr. Charles está satisfeito, tendo realizado o sonho de toda a sua vida de ter uma casa própria. Quando foi entrevistado para exprimir os seus sentimentos, disse que estava extremamente satisfeito por ter terminado a vida móvel da cidade, alugando casa de vez em quando. "*Agora estou psicologicamente estável, tenho uma morada física; deixei de ser um nómada da cidade e de alugar casa*", disse o Sr. Charles, que também agradeceu a assistência técnica da organização.

Placa 6. 3: Casa construída de forma incremental em Mivumoni, distrito de Bunju

Fonte: Trabalho de campo, 2010

Subcaso 4: Casa de rendimento médio em Mivumoni, Bunju

O Sr. Joram Kulewa comprou o seu terreno em 2008 por 1.190.000 TShs como um empréstimo que obteve do Fundo Rotativo de Empréstimos para Abrigos da WAT. Depois de pagar este primeiro empréstimo durante 18 meses, Joram pediu e obteve mais três empréstimos no valor de 9 milhões para o novo projeto de construção. O primeiro empréstimo ajudou-o a comprar todos os materiais de construção e de cobertura necessários e o seu transporte para o local do projeto, e ajudou-o a lançar os alicerces e a erguer algumas paredes. Foi necessário dinheiro adicional para completar e terminar a casa; assim, utilizou os rendimentos da sua farmácia e boutique e de um corretor de imóveis para obter 9.850.000 TShs, necessários para a conclusão do projeto.

Embora o Sr. Joram seja proprietário de uma pequena boutique e de uma pequena farmácia no centro comercial de Tegeta, que geram quase 450.000 TShs por mês, isto não era suficiente para ele pensar em comprar um terreno e construir uma casa moderna num bairro planeado. Apesar de gerar rendimentos com os seus investimentos, o Sr. Joram não se atrevia a iniciar um projeto de construção, pois receava não o concluir com sucesso a longo prazo. Quando entrevistado sobre os seus sentimentos, o Sr. Joram disse: "*Esta foi uma oportunidade de ouro para mim. Algumas pessoas não acreditam que o empréstimo que recebi do WAT. Foi certamente o catalisador para esta mudança nas minhas condições de vida*".

Placa 6. 4: Casa de rendimento médio construída em Mivumoni

Fonte: Trabalho de campo, 2010

Quadro 6.6: Resumo dos subcasos selecionados

Subcasos	**Montante do empréstimo concedido**	**Melhoria da casa feita**	**Benefícios acumulados da melhoria da habitação**
Subcaso 1: Zainab	900 000 TShs	Reformulação, mudança de materiais de construção	Aumento do rendimento, melhoria do estatuto social e melhoria do ambiente de vida.
Subcaso 2: Carlos	2.500.000 TShs	Construção nova: aquisição de terrenos, compra de materiais de construção,	Melhoria do estatuto social, da autoestima e da felicidade na aquisição de casa própria
Subcaso 3 : Jorão	10.190.000 TShs	Construção nova: aquisição de terrenos, compra de materiais de construção, telhados, estuque, pintura, fixação de janelas, portas, pavimentação do chão, tectos	Melhoria do estatuto social, da autoestima e aumento da felicidade na aquisição de casa própria

Fonte: construção própria, 2010

6.8. Desafios

A WAT-HST e a WAT-SACCOS estão no domínio das cooperativas de habitação há mais de 10 anos, concedendo empréstimos à habitação a indivíduos e grupos de habitação. A abordagem utilizada por estas duas entidades na mobilização de grupos de solidariedade nos projectos anteriores foi vista pelos clientes como uma forma de caridade. Os membros dos grupos de solidariedade recebiam incentivos ou subsídios quando participavam em reuniões e workshops que tinham como objetivo reforçar as capacidades dos membros e sensibilizá-los. Uma vez que estas duas entidades lançaram programas de microfinanciamento de habitação, os grupos de solidariedade continuam a ter o mesmo pensamento de caridade que consiste em dar subsídios para reuniões. O facto de se pensar em dar subsídios tem alguns efeitos sobre a recetividade dos novos e mesmo dos antigos membros do grupo solidário em aderir aos programas de microfinanciamento da habitação.

Após a criação do programa de microfinanciamento da habitação, o WAT-HST passou alguns meses sem uma estrutura organizacional definida para orientar a implementação do programa. A observação no terreno revelou que existe uma falta de empenhamento por parte do pessoal do financiamento da habitação e que o programa sofre de rotação de funcionários. Além disso, a organização utiliza um sistema manual para gerir os dados dos clientes e o programa de microfinanciamento da habitação, armazenando vários registos em formulários e livros de registo. Este sistema de informação utilizado pelo WAT-HST tem alguns efeitos negativos: é demasiado trabalhoso quando se trata de processar qualquer informação e a continuidade do negócio da habitação está em risco em caso de danos na informação devido a incêndio, água ou qualquer outro desastre. Mais grave ainda, a elaboração de relatórios é muito pesada, demorada e difícil devido à gestão manual do sistema de informação.

A organização concebeu a aquisição de terrenos como um dos seus produtos habitacionais, mas uma série de pedidos de empréstimo não foram atendidos devido à escassez de lotes planeados nos bairros da cidade. A WAT-HST apresentou um pedido de aquisição de alguns lotes em Kibada, no bairro de Kigamboni, que poderiam ser posteriormente subdivididos para os membros do seu grupo de habitação, mas o pedido continua pendente no Ministério das Terras, Habitação e Assentamentos Humanos há já algum tempo. A escassez de lotes planeados constitui um desafio para a implementação do programa.

6.9. Principais conclusões e lições aprendidas

6.9.1 Principais conclusões

A WAT-HST e a WAT-SACCOS são ambas organizações nacionais estabelecidas, respetivamente, em 1989 e 1997, registadas ao abrigo da Portaria das Sociedades de 1954, cap. 375. O WAT-HST está em conformidade com a Lei das ONG de 2002. O WAT tem mais de 20 anos de experiência no sector do financiamento da habitação, enquanto o WAT-SACCOS tem mais de 10 anos. Apesar da longa experiência no sector, a gestão dos dados e da informação continua a ser um problema para ambas as entidades. Os produtos de empréstimo do WAT-HST e do WAT-SACCOS Housing Microfinance são os seguintes: compra de terrenos, registo de terrenos, renovações de ligações de serviços e construção de casas adicionais. O programa explora a utilização da metodologia de empréstimos baseada em grupos para conceder empréstimos de microfinanciamento à habitação a pessoas com rendimentos baixos e médios, embora os clientes não sejam classificados em função dos seus rendimentos. A estrutura organizacional é complexa, o que não facilita o fluxo de actividades dentro e fora da organização.

Além disso, os resultados da pesquisa no terreno mostram que os clientes na faixa etária dos 46-55 anos cobrem 40,9% de todos os clientes que garantiram empréstimos do programa de Microfinanças Habitacionais da WAT-SACCOS, seguidos imediatamente pela faixa etária dos 56^+ que cobre 31,8%. Sobre o tópico da formação educacional dos clientes activos, foi revelado que 57% de todos os clientes activos frequentaram o ensino secundário, enquanto 30,5% frequentaram ou concluíram o ensino primário universal. Finalmente, os resultados revelaram que 89% dos clientes activos estão envolvidos em negócios do sector informal.

As principais fontes de financiamento do programa de microfinanciamento da habitação, pela primeira vez em 2004, quando o WAT-HST e o WAT-SACCOS criaram o Shelter Loan Revolving Fund, vieram dos seus parceiros internacionais de desenvolvimento, nomeadamente a Rooftops Canada e a Norwegian Federations of Cooperative Housing Association (NBBL). Para o lançamento do programa de microfinanciamento da habitação, a WAT-HST recebeu um fundo do Financial Setor Depending Trust (FSDT), da NBBL e da Rooftops Canada. A organização está a planear solicitar mais empréstimos a instituições financeiras a taxas preferenciais e/ou comerciais para a sua sustentabilidade nos próximos anos de atividade. As condições e termos do empréstimo e o processo de empréstimo parecem ter sido amplamente aceites pelos beneficiários do empréstimo, incluindo a taxa de juro de 1,5% para adiantamentos.

Em quase um ano de operações, o programa de Microfinanciamento de Habitação da WAT-SACCOS desembolsou 30 empréstimos para o desenvolvimento da habitação, com a maioria dos clientes a solicitar empréstimos para a melhoria da casa. A maior parte dos empréstimos desembolsados foram concedidos na categoria de melhoria da habitação e construção nova. Respetivamente, a melhoria da habitação e a construção nova representam 43% e 27% de todos os produtos de microfinanciamento para habitação desembolsados nas áreas de operação do projeto. Cerca de 36,7% de todos os empréstimos desembolsados foram programados para um período de reembolso de 12 meses, sendo que 53% de todos os clientes são mulheres. 53% de todos os empréstimos foram solicitados para a construção de casas para residência pessoal, seguidos de 30% de empréstimos solicitados para a construção de unidades de aluguer no lote de residência principal e/ou num lote de residência separado. A organização recorre à pressão do grupo para garantir a segurança dos empréstimos concedidos. Antes do pedido de empréstimo, um cliente deve acumular pelo menos 15% do montante do empréstimo e acções de 10% do montante do empréstimo devem ser mantidas em depósito até que o empréstimo seja reembolsado. A garantia dos empréstimos individuais é de, pelo menos, 150% do empréstimo adiantado, incluindo bens do agregado familiar, terrenos e qualquer outra garantia.

Uma parte muito interessante do programa de microfinanciamento da habitação do WAT-HST e do WAT-SACCOS são os serviços de apoio à habitação que oferecem aos seus clientes activos como assistência técnica à construção. O apoio à construção é prestado para que a qualidade seja assegurada e as normas sejam cumpridas, enquanto a supervisão da construção assegura o controlo da qualidade. Todos os beneficiários de empréstimos beneficiaram do apoio técnico à construção do WAT-HST, que concebeu um pacote especial de serviços de apoio à habitação, empregando um técnico de engenharia civil. O técnico de engenharia civil supervisiona os pedreiros ou *fundiários* locais durante o processo de construção antes de serem pagos.

Os clientes começam por preencher os seus dados pessoais nos formulários de registo e de pedido de empréstimo, que são posteriormente arquivados em caixas e depois introduzidos num sistema informatizado chamado modelo de cliente. O modelo de cliente é concebido com a ajuda de folhas de cálculo do Microsoft Excel e apresenta informações como o nome do cliente, o sexo, o grupo de habitação e a localização, o montante do empréstimo, o calendário de reembolso e o tipo de empréstimo. As impressoras são utilizadas para imprimir quaisquer documentos relacionados com os clientes em particular e com o programa em geral. No entanto, o WAT-HST e o WAT-SACCOS adoptaram um sistema de informação de gestão manual em que as folhas de cálculo raramente são aplicadas como ferramenta comum em conjunto com um sistema manual.

Os resultados do trabalho de campo mostram que o crédito à habitação de pequeno montante ou o microfinanciamento da habitação oferecido a pessoas com rendimentos baixos e médios têm alguns benefícios sociais associados. Todos os inquiridos mencionaram, em momentos diferentes, os seguintes benefícios sociais que foram obtidos através dos empréstimos à habitação. Entre outros, os inquiridos mencionaram os seguintes benefícios: melhoria das condições de vida, melhoria dos meios de subsistência, empoderamento e alguns efeitos multiplicadores nos vizinhos, que também decidiram iniciar a construção de habitações depois de verem os modelos dos clientes activos do WAT-HST e do WAT SACCOS no bairro.

6.9.2 Lições aprendidas

i) Tanto o WAT-HST como o WAT-SACCOS têm visões claras e declarações de missão que definem o grupo-alvo e os produtos de empréstimo. O processo de empréstimo reflecte a necessidade de poupar primeiro antes de solicitar um empréstimo. Ambas as instituições demonstram um empenhamento em prosseguir o microfinanciamento da habitação como um nicho de mercado potencialmente lucrativo. O plano de reembolso e o montante do empréstimo demonstram claramente que se destinam a pessoas com rendimentos baixos e médios.

ii) A estrutura organizativa foi concebida para assegurar uma operacionalização harmoniosa do programa de habitação. Embora a estrutura pareça complexa, os serviços estão a chegar aos beneficiários como previsto. Os agentes de crédito são responsáveis pela organização de campanhas de mobilização, pela venda dos produtos de empréstimo aos clientes e pelo acompanhamento do reembolso.

iii) O programa de proximidade está a crescer a um ritmo lento, devido ao facto de as organizações terem adotado uma metodologia de prestação combinada de pequenos grupos e indivíduos independentes.

iv) A organização adoptou um sistema de informação de gestão manual, embora alguns serviços ou departamentos apliquem um sistema de informação de gestão semi-automatizado. A utilização das TIC, tais como computadores, câmaras e aparelhos manuais, é feita sem um sistema de coordenação concebido para o efeito. Alguns departamentos, como o gabinete do diretor dos serviços técnicos, utilizam um sistema de informação de gestão semi-automatizado.

v) A prestação de serviços de apoio à habitação revela caraterísticas únicas do programa, enquanto outras organizações de microfinanciamento à habitação negligenciam os serviços de apoio técnico, considerando-os um fardo para as suas operações. Foi revelado que os serviços de apoio à habitação têm alguns efeitos positivos nos prazos de reembolso e na garantia de qualidade. A organização presta assistência aos clientes durante todo o processo de empréstimo.

CAPÍTULO 7

ANÁLISE E SÍNTESE DE CASOS CRUZADOS

7.1. Introdução

Este capítulo resume as questões relacionadas com os dois casos, a fim de identificar semelhanças e diferenças na exploração do papel desempenhado pelas instituições de microfinanças no desenvolvimento da habitação em Dar es Salaam. Ao identificar semelhanças e diferenças entre o Habitat For Humanity Tanzania e o programa de microfinanciamento de habitação da WAT-SACCOS, apresentados respetivamente nos Capítulos 5 e 6, o estudo procura fornecer mais informações sobre questões relativas ao desenvolvimento da habitação, generalizando logicamente as conclusões dos dois estudos de caso.

Yin (1994) defende duas estratégias gerais para a análise de estudos de casos múltiplos. A estratégia preferida utiliza proposições teóricas que orientam o estudo e a recolha de dados para se concentrar em dados específicos. A segunda estratégia desenvolve um quadro descritivo para organizar os dados do estudo de caso. O autor sugere que as ligações causais adequadas podem ser analisadas no âmbito de estudos de casos múltiplos utilizando modos de análise como a correspondência de padrões, variáveis dependentes não equivalentes como padrões, explicação rival como padrões e padrões mais simples. A correspondência simples de padrões identifica um determinado resultado como uma variável dependente e explora como e porquê esse resultado ocorreu em cada caso, ou seja, as variáveis independentes. Uma estratégia analítica geral identifica diferenças importantes nos padrões observados como forma de desenvolver uma explicação teoricamente significativa para os diferentes resultados (*ibid*).

Os dados apresentados nos capítulos 5 e 6 foram organizados e apresentados com referência ao quadro concetual. Cada estudo de caso individual foi analisado utilizando variáveis de investigação frequentemente referidas como análise de modelos (Miles e Huberman, 1994). Esta secção sintetiza as questões-chave resultantes da análise e das discussões dos Capítulos 5 e 6, analisando, em particular, questões transversais como: registo legal, visão e missão, produtos de empréstimo, fontes de financiamento, requisitos e processo de empréstimo, metodologia de empréstimo, serviços de apoio à habitação, sistema de informação de gestão, utilização de instalações de TIC, alívio da pobreza, alcance e crescimento, actividades de subsistência e perfis dos beneficiários de empréstimos. As questões transversais estão resumidas na Tabela 7.1 para uma apresentação abrangente.

Quadro 7.1 Semelhanças e diferenças entre os dois estudos de caso

Assunto/caraterística	Semelhanças	diferenças	Comentários
Registo legal	Ambos os estudos de caso/instituições (HFHT/ WAT-SACCOS) estão legalmente estabelecidos e têm mais de duas décadas no domínio do financiamento da habitação para pessoas/segmentos de baixos rendimentos.	O HFHT é uma filial da HFHI, uma organização cristã ecuménica sem fins lucrativos para a habitação. A WAT-SACCOS é uma instituição nacional fundada por nativos da Tanzânia.	A HFHT beneficia muito da HFHI em termos de experiência internacional, em comparação com a WAT- SACCOS.
Visão e missão	As declarações de visão e missão de ambos os estudos de caso mostram claramente	O HFHT partilha a visão e a missão com a sua organização-mãe;	A visão do WAT- WAT-SACCOS visa o alívio da pobreza urbana
	os seus compromissos para responder às necessidades de financiamento da habitação das pessoas com baixos rendimentos ou marginalizadas e facilitar o acesso a uma habitação condigna.	Enquanto a WAT-SACCOS concebeu a sua visão e missão originais de acordo com o contexto local.	problemas de habitação até 2025, Embora a visão e a missão do HFHT não especifiquem o ano.
Produtos de empréstimo	Ambos concedem empréstimos para a melhoria da habitação ou para a ligação progressiva entre habitação e serviços.	Enquanto o HFHT oferece apenas empréstimos para melhoria da habitação, o WAT-SACCOS oferece um produto adicional para novas construções e aquisição de terrenos	O empréstimo para a melhoria da habitação é dominante em todos os casos.
Fontes de financiamento	Ambos dependem de fontes de financiamento externas: fundos de parceiros de desenvolvimento	O HFHT recebe donativos, enquanto o WAT- WAT-SACCOS recebe empréstimos.	Nenhum depende de financiamento interno próprio. Todas dependem de fundos externos
Requisitos e processo de concessão de empréstimos	Ambos estabeleceram requisitos e processos de empréstimo amigáveis e acessíveis	Enquanto o HFHT não exige quaisquer poupanças, o seu processo de empréstimo pode demorar apenas duas semanas. O WAT-SACCOS exige	Quanto mais longo for o processo de empréstimo, mais elevados são os custos em que as pessoas com baixos rendimentos incorrem para aceder aos

		poupanças prévias, pelo que são necessários quase 3 meses para aceder a um empréstimo.	empréstimos.
Metodologia de entrega ou de empréstimo	Ambos servem os escalões de baixo rendimento utilizando uma metodologia escolhida entre um grupo de pessoas e indivíduos independentes.	Enquanto o HFHT aplica apenas a metodologia de distribuição individual, o WAT- SACCOS aplica as metodologias de empréstimo individual e de grupo	A metodologia de grupo reforça as redes sociais dentro de uma comunidade.
Apoio à habitação serviços	Em ambos os estudos de caso, existe a intenção de prestar serviços de apoio à habitação.	O HFHT fornece apenas revisão orçamental como apoio técnico, enquanto o WAT-HST/WAT-SACCOS considera os serviços de apoio à habitação como parte integrante do seu programa HMF.	Os resultados mostram que existe uma grande necessidade de prestar serviços de apoio à habitação aos beneficiários de empréstimos.
Gestão sistema de informação	Cada instituição estabeleceu um tipo de gestão sistema de informação.	O HFHT estabeleceu um sistema de informação de gestão semi-automatizado, enquanto o WAT-HST/WAT-SACCOS estabeleceu um sistema manual.	É necessário instalar software adequado para o sistema de informação de gestão e, assim, estabelecer um sistema de informação semi-automatizado.
Instalações TIC	Ambos utilizam várias TIC instalações	A utilização das TIC é mais coordenada no HFHT, ao passo que no WAT-HST/WAT-SACCOS não existe uma coordenação adequada.	As TIC podem capacitar as IFM para melhorarem o seu alcance e crescimento
Divulgação e crescimento	Ambas as organizações estão a lutar para chegar a mais clientes e alcançar a sustentabilidade	Em sete meses de atividade, o HFHT registou 384 membros e pagou 222 empréstimos. Enquanto a WAT-SACCOS registou 7 grupos de	A diferença de alcance é demasiado grande. É necessário descobrir as razões.

		habitação com 81 membros e desembolsou 30 empréstimos num ano de operações.	
Alívio da pobreza	Todos os beneficiários de empréstimos dos estudos de caso reconheceram ter obtido alguns benefícios socioeconómicos com os empréstimos à habitação.	Nenhum	A IHM pode ser uma das estratégias de redução da pobreza nos planos de desenvolvimento nacional.
Caraterísticas dos clientes	Todos os beneficiários dos empréstimos têm alguma formação académica e a maior parte deles está envolvida em actividades informais.	Nenhum	Nenhum
	sector. Quase o mesmo grupos etários		

Fonte: Construção própria, 2010

7.1.1 Registo legal

Os dois estudos de caso, o HFHT e o WAT-SACCOS, foram descritos centrando-se no seu poder legal de empreender projectos de microfinanciamento de habitação para o segmento de baixo e médio rendimento no país e, mais especificamente, em Dar es Salaam. A HFHT é uma organização não governamental registada em 24th de novembro de 1995 ao abrigo do Societies Ordinance de 1954, com o número de registo SO. 8677. Enquanto ONG, o HFHT está em conformidade com a Lei das Organizações Não Governamentais de 2002 e tem o número 1863. A HFHT é também uma filial da HFHI, uma organização cristã ecuménica sem fins lucrativos para a habitação.

O WAT-SACCOS é uma organização irmã e um resultado do WAT-HST. A WAT-SACCOS foi criada em 1997 e registada formalmente em 1998 como uma entidade separada. A WAT-HST, que parece ser a organização-mãe da WAT-SACCOS, foi criada em 28th de julho de 1989 e registada em 24th de outubro de 1989, ao abrigo da Portaria sobre Sociedades de 1954. A WAT-HST é uma organização não governamental também dedicada à melhoria dos aglomerados humanos e às questões de habitação das classes média e baixa. A WAT-HST e a sua organização irmã, a WAT-SACCOS, são ambas instituições nacionais criadas por nativos da Tanzânia.

7.1.2 Visão e missão

O HFHT e a WAT-SACCOS têm uma visão e uma missão claras no que respeita ao desenvolvimento da habitação para as pessoas com rendimentos baixos e médios. A HFHT adoptou a visão e a missão da HFHI, que afirmam que trabalham em parceria com Deus e com pessoas de todos os quadrantes da sociedade, para desenvolver comunidades com pessoas necessitadas, construindo e renovando casas para que haja casas decentes em comunidades decentes, nas quais cada pessoa possa experimentar o amor de Deus e possa viver e crescer em tudo o que Deus pretende. Enquanto a WAT-SACCOS concebeu a sua própria visão e missão. A sua visão afirma que a WAT-SACCOS sonha em ser uma sociedade cooperativa de poupança e crédito líder e sustentável, proporcionando aos seus membros excelentes serviços financeiros. A declaração de missão é o compromisso de mobilizar, sensibilizar e melhorar fontes estáveis e seguras para alcançar um grande volume de poupanças e uma boa carteira de empréstimos.

7.1.3 Produtos de empréstimo

O HFHT trabalha no sector da construção de habitações há mais de 25 anos, antes de iniciar um programa específico de microfinanciamento para a melhoria das habitações, em março de 2009. Por outro lado, o WAT-HST trabalha no domínio do desenvolvimento da habitação há quase 24 anos e criou uma secção experimental de financiamento da habitação em 2004, antes de entrar formalmente no sector do microfinanciamento da habitação em colaboração com o WAT-SACCOS. A WAT-SACCOS tem quase uma década de experiência em serviços financeiros para os escalões de rendimento baixo e médio. O HFHT concebeu um empréstimo para melhoria da habitação com os seguintes produtos de empréstimo: conclusão da casa, extensão da casa, reparação da casa, estruturas auxiliares e utilizações negociadas do empréstimo. Em sete meses de funcionamento, o HFHT conseguiu vender bem os seus produtos de habitação e foi capaz de desembolsar 222 empréstimos a clientes activos que se candidataram a empréstimos para melhoria da habitação. Num ano de funcionamento, o WAT-SACCOS, em colaboração com o WAT-HST, conseguiu mobilizar a formação de 7 grupos de habitação com quase 30 empréstimos desembolsados. A WAT-SACCOS concebeu os seguintes produtos de empréstimo: construção incremental de novas casas, compra de terrenos, registo de terrenos, melhoramento de casas e ligação de serviços (água e saneamento, eletricidade, estradas e sistema de drenagem). Ambas as organizações têm como objetivo possibilitar a aquisição de casa própria e melhorar as condições de habitação do segmento de rendimentos baixos e médios, embora divirjam na definição dos seus clientes em termos económicos, mas todas visam pessoas economicamente activas.

De entre todos os produtos de crédito, o melhoramento da habitação é o que mais atrai a maioria dos clientes activos. O HFHT tem um produto de empréstimo detalhado para a melhoria da habitação, sendo que os acabamentos da casa atraem 57% de todos os empréstimos desembolsados. Os resultados mostram que a maioria dos clientes prefere um período de reembolso de 12 meses em comparação com outros. Verificou-se que quase metade dos empréstimos, ou seja, 49%, foram programados para 12 meses, em comparação com 5% dos empréstimos programados para 6 meses. O estudo revelou que 90% dos empréstimos solicitados foram utilizados para melhorar a casa ou a residência pessoal e que 53% dos requerentes de empréstimos eram mulheres economicamente activas. Os resultados mostram que a maioria dos membros da WAT-SACCOS solicita empréstimos para melhorar as suas casas, o que corresponde a 43% dos empréstimos desembolsados, seguido de 27% dos empréstimos para novas construções. As conclusões do terreno mostram que 53% e 47% dos empréstimos garantidos foram utilizados, respetivamente, para melhorar ou construir casas de habitação pessoal e unidades comerciais ou de aluguer para gerar rendimentos para os beneficiários dos empréstimos. Surpreendentemente, os empréstimos desembolsados cobriram cerca de 44,1% do custo total do projeto. A maior parte dos prazos de reembolso situava-se no período de 12 meses e cobria 36,6%, seguido do período de 6 meses, que cobria 26,7% de todos os empréstimos.

7.1.4 Fontes de financiamento

O estudo revelou que ambas as instituições dependem extremamente de fontes externas para financiar os seus programas de microfinanciamento da habitação. A HFHT, como afiliada da HFHI, recebe donativos da Habitat for Humanity International e está a planear pedir um empréstimo após os três primeiros anos de funcionamento. A organização assegurou um orçamento total de 700 000 USD para gerir o seu programa de microfinanciamento da habitação durante os três anos do projeto-piloto. O WAT-HST e o WAT-SACCOS obtiveram um empréstimo do seu parceiro de desenvolvimento, o Financial Setor Deepening Trust (FSDT), no valor de 450 000 USD, como carteira de habitação para a fase-piloto.

7.1.5 Requisitos e processo de concessão de empréstimos

Ambas as organizações conceberam os seus requisitos de empréstimo, cujos termos e condições parecem ser aceites de forma amigável pelos clientes activos; no entanto, estes requisitos diferem em termos de número de dias e de passos que uma pessoa tem de percorrer antes de aceder ao empréstimo. O HFHT exige que a pessoa apresente provas de segurança de posse e provas de emprego formal ou da sua viabilidade económica. O processo de empréstimo do HFHT favorece o acesso ao empréstimo no prazo de duas semanas, se todos os requisitos forem cumpridos a tempo. O WAT- SACCOS é uma instituição baseada na poupança, pelo que exige que o cliente abra uma conta no SACCOS e poupe durante pelo menos 3 meses antes de pedir um empréstimo.

Outros requisitos para os clientes acederem ao microfinanciamento de habitação do HFHT incluem uma garantia de segurança de 8%, uma multa de 1% da prestação total por dia em caso de atraso ou incumprimento, e um seguro de empréstimo de 1% por ano. Para além disso, o WAT-SACCOS exige uma poupança mínima de TShs. 30.000 por mês antes do pedido de empréstimo, com base em 20% de garantia em dinheiro e 10% de poupança obrigatória do empréstimo a ser contraído. A garantia obrigatória para os membros do grupo e para os membros individuais é a perfeição das garantias individuais ou penhoras para cobrir pelo menos 150% do empréstimo adiantado. Além disso, cada cliente deve ter um saldo de acções não inferior a 10% do empréstimo solicitado.

7.1.6 Metodologia de empréstimo ou de entrega

As duas entidades, a HFHT e a WAT-SACCOS, diferem nas suas metodologias de distribuição e de concessão de empréstimos. Enquanto o HFHT se baseia na injeção de capital à nascença e aplica uma metodologia individual que não exige que os mutuários formem um grupo de pessoas antes de solicitarem um empréstimo. A maioria dos seus beneficiários de empréstimos não se conhecem, exceto os vizinhos ou familiares que partilham por vezes informações sobre os benefícios obtidos através do empréstimo *Makazi Bora*. O WAT-SACCOS é uma instituição baseada na poupança e utiliza tanto a metodologia de empréstimos individuais como de grupo. A semelhança entre as instituições é o facto de se encontrarem ao serviço de pessoas com rendimentos baixos ou médios; ambas aplicam a metodologia de distribuição individual. Os resultados no terreno mostram que estas metodologias têm impacto no alcance e na sustentabilidade destas organizações.

7.1.7 Serviços de apoio à habitação

O HFHT não oferece qualquer apoio técnico à construção ou serviços de apoio à habitação aos seus beneficiários de empréstimos. Os clientes estão a realizar os seus projectos de construção por conta própria, sem qualquer orientação do pessoal técnico do HFHT. O reforço das capacidades é normalmente prestado sob a forma de programas de formação ou workshops destinados a capacitar os clientes, dotando-os das competências necessárias relacionadas com a gestão de projectos de construção. O HFHT considera estes programas de formação como custos adicionais desnecessários que podem ser suportados pelos próprios clientes. O HFHT acredita que os clientes sabem o que querem fazer e como o fazer; por isso, são os melhores arquitectos e planeadores dos seus projectos de melhoria da casa. A organização existe para facilitar o processo, não para o fazer em seu nome, pelo que os serviços de apoio à habitação não fazem parte integrante dos produtos de crédito à habitação. No entanto, a organização aceita que uma parte do empréstimo possa ser gasta em serviços técnicos, tais como o pagamento de *fundos* e, mais importante ainda, a organização está a preparar um conjunto de ferramentas de apoio técnico à construção, com o objetivo de facilitar aos seus clientes o processo do seu projeto de habitação.

Pelo contrário, a WAT-SACCOS considera o apoio técnico à construção como parte integrante das suas componentes de microfinanciamento da habitação. Ao longo do processo, a capacidade dos clientes é construída progressivamente de acordo com a fase de desenvolvimento da habitação. Os resultados mostraram que 97% dos inquiridos confirmaram ter recebido tais serviços dos técnicos de construção e dos agentes de crédito. O reforço das capacidades ajuda os clientes a compreender melhor as questões de construção e os regulamentos dos empréstimos, facilitando assim os reembolsos. O apoio técnico à construção é fornecido aos clientes activos da WAT-SACCOS pela WAT-HST, de modo a assegurar o controlo de qualidade e ajudar os clientes com competências de gestão em projectos de construção. Para além de workshops e programas de formação, a organização fornece modelos de desenho de casas e serviços de supervisão da construção.

7.1.8 Sistema de informação de gestão

O HFHT considerou um sistema de informação de gestão para facilitar a entrada, o armazenamento, a utilização e a aplicação dos dados dos clientes num quadro amigável. O HFHT utiliza um sistema de informação de gestão semi-automático que é uma combinação de sistemas de informação manuais e informáticos. Os agentes de crédito recolhem os primeiros dados importantes dos clientes através de formulários de candidatura, que são depois armazenados num formato de folha de cálculo concebido para o efeito, antes de colocarem os ficheiros manuais num armário de arquivo. A base de dados dos clientes é concebida de forma a que todos os pormenores necessários relativos a um determinado cliente e ao empréstimo que lhe foi proposto sejam guardados. A base de dados facilita à organização a preparação atempada do seu relatório e a partilha de várias informações relacionadas com as microfinanças com outras partes interessadas.

A WAT-HST e a WAT-SACCOS adoptaram um modo manual em que os registos dos clientes são armazenados em formulários e livros de registo. No entanto, cada escritório destas duas organizações possui computadores pessoais e uma impressora centralizada, utilizados sobretudo para facilitar as actividades do escritório e do projeto. No entanto, vários detalhes dos clientes estão disponíveis nos diferentes escritórios, embora dispersos em livros de empréstimo ou livros de registo e cadernos. A WAT-SACCOS concebeu um modelo de empréstimo que armazena algumas informações-chave para acompanhar os registos dos empréstimos desembolsados. Por um lado, o modelo de empréstimo contém o nome do cliente e o nome do seu pequeno grupo; o número da caderneta, o tipo de empréstimo e o montante, e isto com base no escritório da WAT-SACCOS. Por outro lado, existe um modelo de declaração de fluxo de caixa da empresa preparado no escritório da WAT-HST, de modo a facilitar a análise da capacidade de reembolso do cliente ou a avaliação do rendimento. O problema com estes modelos é que não foram concebidos como um modelo de sistema único e não estão sistematicamente inter-relacionados e coordenados para atingir um único objetivo.

7.1.9 Utilização de instalações TIC

Tanto o HFHT como o WAT-SACCOS utilizam câmaras digitais para documentar imagens dos clientes e das casas a melhorar ou a construir ou de qualquer outro projeto pretendido. O HFHT está muito mais avançado na utilização de fotografias, uma vez que estas são armazenadas de forma sistemática para facilitar a sua consulta e utilização. As fotografias incluem também garantias e são utilizadas na revisão e aprovação de empréstimos durante a verificação, como prova da utilização do empréstimo e em campanhas promocionais. O WAT-HST e o WAT-SACCOS começaram recentemente a utilizar câmaras digitais para armazenar as actividades do projeto, especialmente algumas reuniões de grupo importantes e imagens do projeto, tais como os resultados finais da construção de habitações. No entanto, a organização precisa de conceber uma forma adequada de armazenar e gerir as fotografias dos clientes e as fases de registo dessas fotografias.

O sistema portátil de posicionamento global (GPS) é utilizado propositadamente pelos agentes de crédito do HFHT para obter as coordenadas do local do projeto. Isto facilita a gestão na monitorização e avaliação do processo de empréstimo; ao mesmo tempo, ajuda a controlar a fraude e ajuda a supervisionar os agentes de crédito para que não concedam empréstimos a clientes que não existem. A WAT-HST e a WAT-SACCOS estão a planear e a avaliar a possibilidade de utilizar o GPS na implementação dos seus projectos, de modo a manter as coordenadas dos locais dos projectos de construção de habitações. Os resultados no terreno revelaram que 93,7% dos clientes do HFHT possuem telemóveis, enquanto 6,3% utilizam os telemóveis dos seus cônjuges, filhos ou amigos próximos e vizinhos. Cada agente de crédito recebe um telemóvel para facilitar a comunicação com os seus clientes. As comunicações telefónicas têm lugar especialmente durante as fases de registo, pedido de empréstimo e aprovação do empréstimo. Ao longo do ciclo de reembolso, os agentes de crédito mantêm-se em contacto com os seus clientes activos através de chamadas telefónicas, recordando-lhes os prazos de reembolso e as consequências dos atrasos.

Os resultados do inquérito aos agregados familiares dos clientes do WAT-SACCOS revelaram que 73,7% possuem telemóveis, enquanto 26,3% utilizam os telemóveis dos seus cônjuges, filhos ou amigos próximos e vizinhos. Os agentes de crédito também acompanham de perto os clientes dos empréstimos através dos telemóveis, para garantir que os clientes evitam atrasos desnecessários que lhes custam o pagamento de multas.

7.1.10Divulgação e crescimento

O estudo analisou a forma como os segmentos médio e baixo acedem à informação sobre as oportunidades de microfinanciamento da habitação no seu bairro. Os resultados mostram que 46% de todos os inquiridos ou membros activos do HFHT receberam informações sobre o microfinanciamento da habitação através dos seus amigos próximos, familiares e vizinhos. 33% destes membros obtiveram informações sobre empréstimos através de brochuras e folhetos distribuídos pelos agentes de crédito, enquanto 21% tomaram conhecimento através de campanhas promocionais. Ainda assim, foi revelado que 77% dos clientes activos entrevistados tomaram conhecimento do programa de Microfinanciamento Habitacional da WAT-SACCOS através de campanhas de divulgação e promocionais. 31% tomaram conhecimento da disponibilidade de empréstimos através de amigos, familiares e beneficiários de empréstimos, enquanto 2% tomaram conhecimento do programa de habitação através de folhetos ou brochuras distribuídas pelos agentes de crédito. Isto implica que, se o programa conseguir desembolsar mais empréstimos a mais clientes, a informação sobre os produtos de microfinanciamento para habitação espalhar-se-á tanto quanto possível e chegará a mais grupos-alvo. Através de campanhas de promoção, o HFHT registou 384 membros em sete meses e alcançou 222 através do desembolso de empréstimos no valor de TShs. 238,670,000.00. A WAT-SACCOS conseguiu mobilizar 7 grupos de habitação com 81 membros e desembolsou 30 empréstimos a membros activos num ano de operações, num montante de TShs. 30,740,000.00. É de notar que a WAT-SACCOS tem 8435 membros registados nos seus programas de pequenas empresas. Suspeita-se que os clientes que pedem dinheiro emprestado para negócios o desviam para a construção de habitações, embora a organização tenha registado bons reembolsos.

7.1.11 Alívio da pobreza

Os beneficiários do empréstimo reconheceram que obtiveram uma série de benefícios sociais através do empréstimo recebido. Os inquiridos mencionaram com agrado alguns dos benefícios: autoestima, aumento do rendimento através de rendas, segurança e conforto, melhoria das condições de vida e ambiente saudável, melhoria dos meios de subsistência, capacitação e alguns efeitos multiplicadores para os vizinhos que também decidem iniciar a construção de habitações depois de verem os modelos dos beneficiários dos empréstimos.

7.1.12 Caraterísticas dos clientes

Os resultados do trabalho de campo mostram que 89% de todos os inquiridos do HFHT são economicamente activos e estão envolvidos em negócios do sector informal. Para além disso, a idade dos beneficiários de empréstimos revelou que 54% dos beneficiários de empréstimos têm entre 36 e 45 anos de idade, seguidos de 39% de beneficiários com mais de 46 anos de idade. A formação académica dos clientes activos foi documentada da seguinte forma: 50% de todos os clientes activos frequentaram pelo menos o ensino primário universal, enquanto 43% deles frequentaram ou concluíram o ensino pós-primário ou secundário. Os resultados no terreno também revelaram que pelo menos 5% têm formação universitária, enquanto 2% nem sequer frequentaram o primeiro ciclo do ensino primário.

Entrevistas a agregados familiares de clientes da WAT-SACCOS revelaram que 53% dos clientes activos que beneficiaram de empréstimos à habitação estão envolvidos no sector informal, que inclui empresas domésticas, pequeno comércio, arrendamento de casas, vendedores de água e carvão, *mama* e *baba* lishe, proprietários de restaurantes de média dimensão, vendedores de quiosques locais e remessas, entre outros. Além disso, 72,7% dos clientes activos têm mais de 46 anos de idade e 53% deles são mulheres. Além disso, 57% dos empréstimos foram desembolsados a clientes activos que frequentaram, pelo menos, o ensino secundário e 30,5% dos que completaram o ensino primário universal. A fim de compreender a fonte de rendimento e a capacidade de reembolso, o estudo revelou que 53% dos clientes activos geram rendimentos do sector informal ou de pequenas empresas ou de remessas.

7.2. Síntese

A análise cruzada de casos alargou o nosso entendimento sobre o papel desempenhado pelas IFHM no que respeita ao desenvolvimento de habitação de baixo e médio rendimento. A análise provou a capacidade das referidas instituições para lidar com o financiamento da habitação para baixos e médios rendimentos e assuntos relacionados; e determinou a gama de serviços de apoio à habitação que oferecem aos seus grupos-alvo. Por outras palavras, a discussão dos dois estudos de caso com base nas variáveis de investigação e nas questões levantadas deu respostas diretas aos objectivos e questões de investigação concebidos.

Kironde (2007) argumenta que estruturas organizacionais e de gestão melhores e inovadoras podem otimizar o alcance das IFM a mais pessoas de baixo e médio rendimento, permitindo-lhes aceder a empréstimos para habitação condigna. Ledgerwood (1998) observa que as instituições de microfinanças fortes têm algumas caraterísticas-chave que incluem, entre outras, visões e missões claramente definidas, boas estruturas organizacionais e recursos humanos. Mostram também um forte empenhamento na prossecução do microfinanciamento como um nicho de mercado potencialmente lucrativo. O autor acrescenta ainda que as IMF fortes são institucionalmente viáveis, analisando o seu registo legal e a sua conformidade com os requisitos de supervisão. As conclusões mostram que ambas as organizações do estudo de caso foram estabelecidas ao abrigo da legislação relevante do país e definiram visões e missões claras e específicas que orientam as suas operações em relação ao desenvolvimento da habitação para pessoas com rendimentos baixos/médios.

Os resultados também revelam que as duas organizações estão empenhadas em atingir os seus objectivos e têm mais de duas décadas no domínio do desenvolvimento de habitações de baixo rendimento. Além disso, foi revelado que as suas estruturas organizacionais foram concebidas para atingir os objectivos ou resultados pretendidos. As duas instituições demonstraram a sua capacidade de mobilizar recursos para a sua sustentabilidade (Chijoriga, 2000; UN-Habitat, 2005) e de conceber produtos de crédito à habitação relevantes com base nos seus estudos de mercado, na capacidade de pagamento dos clientes e na sua capacidade de reembolso (UN-Habitat, *ibid*; Kihato, 2009; e Kyessi e Germain, 2009). Os planos de reembolso concebidos por estes dois estudos de caso reflectem a acessibilidade e a capacidade de reembolso dos seus clientes.

A UN-Habitat (2005) reconhece que a utilização de empréstimos comporta riscos inerentes para aqueles que são demasiado pobres para gerir os reembolsos. É ainda referido que é especialmente difícil chegar ao grupo com rendimentos mais baixos quando são exigidas contribuições consideráveis aos beneficiários. Assim, os serviços de microfinanciamento para a habitação tendem a não chegar àqueles que são demasiado pobres para emprestar. Observou-se que esta afirmação é aplicável nos dois casos em que as instituições de microfinanciamento para a habitação concedem empréstimos apenas a clientes economicamente activos ou empreendedores que estão envolvidos em algumas actividades económicas e produtivas. Os potenciais clientes são obrigados a provar os seus rendimentos mensais e as suas fontes de rendimento são consideradas no processo de empréstimo. Estas são as únicas pessoas com baixos rendimentos a quem podem ser concedidos empréstimos à habitação. O mercado de microfinanciamento à habitação parece favorecer as pessoas que já têm alguma prova de rendimento que lhes permita pagar os seus empréstimos, e não todas as pessoas urbanas pobres.

Antes de poderem solicitar um empréstimo à habitação, todos os clientes activos têm de provar que têm projectos concretos viáveis no local. Os resultados mostram que todos os clientes activos que obtiveram empréstimos de ambas as instituições já tinham uma habitação que precisava de ser renovada ou substituída pela construção de uma nova no mesmo terreno ou num terreno separado. Os pequenos empréstimos desembolsados ajudaram os beneficiários dos empréstimos a iniciar projectos de construção de habitações, sem os quais não se podem atrever a entrar no empreendimento. Além disso, os dois casos demonstraram a sua capacidade de mobilizar vários recursos para a execução das actividades dos seus programas. Atualmente, ambas as organizações recebem financiamento dos seus parceiros de desenvolvimento. Alguns dos recursos mobilizados incluem recursos humanos, financeiros e técnicos.

Sheuya (2007) observa que as poupanças são os principais requisitos para a maioria das IMFs de habitação e que os empréstimos são para a melhoria da habitação. Isto foi revelado no segundo estudo de caso do Programa de Microfinanças de Habitação WAT-SACCOS. O programa adopta a metodologia de empréstimos individuais e em grupo como abordagem para chegar a mais pessoas com baixos rendimentos e para reforçar os seus laços comunitários e redes sociais. No contexto dos empréstimos em grupo, o período de poupança obrigatório antes da concessão dos empréstimos não só desenvolve a compreensão das finanças, como também reforça os laços comunitários entre os aforradores através de reuniões de grupo regulares. Depois, o grupo torna-se a garantia, uma vez que os membros se apoiam mutuamente em alturas de dificuldade e retiram aos mutuantes a complicação de seguir os incumpridores (UN-Habitat, 2005).

O HFHT e o WAT-SACCOS concedem pequenos empréstimos à habitação, que constituem alguns dos desenvolvimentos mais promissores no domínio do financiamento à habitação no país. Tendem a chegar muito mais abaixo na escala de rendimentos do que o financiamento hipotecário, concebendo produtos de empréstimo, dimensão do empréstimo, estabelecendo calendários de reembolso e requisitos de empréstimo que se adequam ao segmento de baixos rendimentos (UN-Habitat, *ibid;* Kyessi e Germain, 2009). Enquanto as instituições financeiras formais e de grande dimensão excluem o segmento de baixo rendimento através dos seus procedimentos administrativos, termos e condições, as IFM atraem e servem pessoas de baixo rendimento economicamente mais activas através dos seus requisitos de empréstimo (*ibid,* Kihato, 2009).

Os beneficiários dos empréstimos reconheceram ter acumulado numerosos benefícios socioeconómicos. Os clientes activos reconheceram que o apoio financeiro, profissional e/ou técnico à construção os ajudou a aliviar a sua pobreza em termos de rendimento e de habitação num curto espaço de tempo. Os beneficiários dos empréstimos registaram uma melhoria das suas condições e padrões de vida, da geração de rendimentos e da criação de emprego. Os resultados revelaram que existe uma estreita ligação entre os pequenos empréstimos à habitação, a melhoria da habitação ou a habitação progressiva e a redução da pobreza, como indicado na Fig. 7.1 (Kyessi e Germain, 2009).

Figura 7. 1: Modelo emergente do estudo

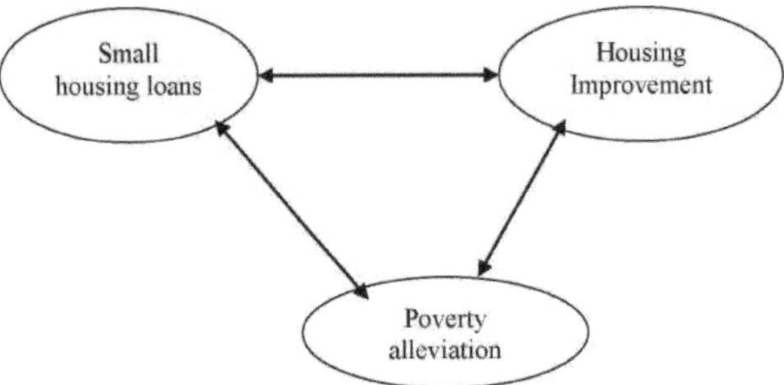

Fonte: Construção própria, 2010

Houston (2010) observa que existem opiniões divergentes sobre se as famílias pobres são capazes de obter o apoio de que necessitam e se os microemprestadores devem prestar assistência. Alguns argumentam que os financiadores devem reconhecer que os pobres têm recursos suficientes para aceder ao apoio de forma independente e que não precisam dele como parte da gama de produtos de um mutuante. Outros defendem a oferta de produtos e serviços de apoio à habitação por parte dos microempréstimos, afirmando que os pobres não dispõem de todos ou de alguns dos recursos, tais como conhecimentos, redes e/ou recursos financeiros, para aceder a serviços de apoio à habitação de forma independente e que as IFM devem encontrar formas de os ajudar (*ibid,* Finmark *et al*, 2010).

As duas vertentes distintas foram observadas nos dois estudos de caso O HFHT adoptou um conceito de empréstimo à habitação flexível, que permite ao cliente personalizar o empréstimo de acordo com a sua situação habitacional única, propondo as obras a realizar dentro dos limites estabelecidos para os montantes do empréstimo e ajudando na revisão dos orçamentos de construção dos clientes, enquanto o WAT-HST oferece serviços completos de apoio à habitação aos seus clientes durante todo o processo de empréstimo. Apesar da diferença nos serviços de apoio à habitação, os resultados mostram que os clientes do microfinanciamento à habitação precisam de apoio técnico dos seus mutuantes.

O apoio básico que os clientes activos obtêm das IFM é o acesso à informação sobre a disponibilidade de microfinanciamento para habitação e os seus requisitos de empréstimo. De seguida, as instituições de microfinanciamento ajudam os seus clientes a completar o processo de subida da escada que já tinham iniciado, levando-os de um nível para o outro. Assim, os clientes activos recebem empréstimos à habitação ou microfinanciamento à habitação para realizarem os seus sonhos de melhorar ou construir as suas casas e/ou instalar serviços básicos. Acima de tudo, os clientes activos recebem aconselhamento profissional e/ou apoio técnico à construção para os orientar na utilização adequada dos seus empréstimos à habitação e na concretização dos seus objectivos de casas decentes ou melhoradas.

Ledgerwood (1998) argumenta que o sistema de informação de gestão de uma instituição inclui todos os sistemas utilizados para gerar a informação que orienta a equipa de gestão nas suas decisões e acções. O Sistema de Informação de Gestão pode ser visto como um mapa das actividades que são realizadas pelas IFM. Monitoriza as operações das instituições e fornece relatórios que reflectem a informação que a gestão considera mais importante acompanhar. As principais partes interessadas do microfinanciamento da habitação confiam nos relatórios produzidos pelo sistema de informação de gestão para dar uma imagem exacta do que está a acontecer na instituição. Além disso, Ahmad (sem data) argumenta que as TIC podem ser uma ferramenta estratégica para tornar as IMF mais eficientes e eficazes. Acrescenta que as IFM podem chegar a mais pessoas de uma forma mais económica se implementarem o sistema de informação de gestão adequado.

A utilização das TIC facilita o desembolso dos empréstimos, alargando as oportunidades de mercado a um maior número de pessoas com rendimentos baixos/médios, mantendo simultaneamente a sua sustentabilidade. O sistema de informação de gestão dos dois estudos de caso, que é manual e semi-automatizado, fornece informação atempada e exacta sobre os indicadores-chave mais relevantes para as operações e é regularmente utilizado para monitorizar e orientar as operações. As instalações de TIC nos escritórios do HFHT e do WAT-HST ou do WAT-SACCOS, tais como câmaras digitais, GPS de mão e telemóveis, ajudam as organizações a desempenhar eficientemente os seus deveres e responsabilidades, satisfazendo assim as necessidades dos seus clientes.

A capacidade refere-se tanto à capacidade de gerir mais capital como à capacidade de aumentar a carteira de empréstimos, envolvendo-se com uma base de clientes mais alargada e a capacidade. Uma área crítica de intervenção é a capacitação e a prestação de apoio técnico (Finmark, Rooftop, HFHI, 2008; Kihato, 2009). Os empréstimos do HMF são relativamente novos e colocam exigências consideráveis às capacidades técnicas das organizações habituadas a outras formas e tipos de empréstimos. As conclusões do HFHT e do WAT-SACCOS provam que as duas instituições financiam o desenvolvimento incremental de habitação para os escalões de rendimento baixo e médio. Assim, o desenvolvimento incremental da habitação requer competências de consideração na defesa de questões fundiárias, bem como competências técnicas para facilitar o fornecimento de infra-estruturas e a construção de edifícios. Kironde

(2007) argumenta que as instituições de microfinanças na Tanzânia satisfazem apenas 5% de todos os pedidos dos segmentos baixo e médio. Para atingir uma grande escala, as IFM precisam de apoio técnico em áreas como a gestão de fundos, a cobrança e o controlo dos reembolsos, a qualidade da carteira e a gestão do risco, a conceção de produtos, a aquisição de recursos humanos e de pessoal, bem como a tecnologia e o sistema de informação de gestão (Kihato, 2009). A área dos serviços de apoio à habitação é também uma área de apoio técnico necessária para que as IFM cresçam de forma sustentável. As duas instituições e outras instituições de microfinanciamento que pretendam entrar no sector da habitação podem necessitar de apoio em termos de recursos humanos ou de oportunidades de formação em instituições académicas em áreas como o planeamento urbano, a arquitetura, a topografia e outras semelhantes para reforçar os seus produtos de crédito.

A UN-Habitat (2005) refere que a maior parte das cidades do mundo são construídas da forma como são financiadas. Não há muitos países no mundo que financiam atualmente o desenvolvimento de habitações em grande escala, a maioria das pessoas financia o seu desenvolvimento habitacional através de uma abordagem de autoajuda. As pessoas com rendimentos baixos e médios financiam os seus projectos de habitação por fases, de acordo com a disponibilidade de fundos. Este facto foi evidente nos dois estudos de caso em que os beneficiários de empréstimos construíram as suas casas em três a dez anos. É necessário encorajar os funcionários do governo a compreenderem o papel do desenvolvimento gradual ou progressivo da habitação, para que possa ser incluído no planeamento urbano e nas leis e regulamentos relativos à construção. O desenvolvimento progressivo da habitação deve ser orientado de modo a evitar o desenvolvimento de novos aglomerados não planeados financiados pelas IFHM.

CAPÍTULO 8

CONCLUSÕES, IMPLICAÇÕES POLÍTICAS E RECOMENDAÇÕES

8.1. Introdução

Este capítulo apresenta as conclusões do estudo, resultantes dos resultados da investigação, no que diz respeito ao papel desempenhado pelas instituições de microfinanciamento no desenvolvimento da habitação e à extensão dos serviços de apoio à habitação oferecidos aos promotores imobiliários de baixo e médio rendimento. Com base nos resultados da investigação, são destacadas as implicações políticas para o financiamento da habitação e, por fim, são feitas recomendações para o futuro.

8.2. Conclusões

Os resultados da investigação documentaram 11 IFM na cidade de Dar es Salaam, que provaram ser capazes de mobilizar recursos para financiar a construção de habitações para os escalões médios e baixos. Os resultados revelaram ainda que as IFMH desempenham um papel catalisador na promoção da habitação para as pessoas com rendimentos baixos e médios. Reconheceu-se que os empréstimos concedidos pelas instituições de microfinanças para a habitação constituem uma fração mínima do custo total da construção de habitação, mas sem os quais os sonhos da maioria dos beneficiários de empréstimos de viver em casas melhoradas e/ou decentes poderiam ser utopia ou projectos impraticáveis e imaginários.

O estudo demonstrou igualmente que as instituições de microfinanciamento no sector da habitação desempenham um papel potencial na redução da pobreza em termos de habitação, no que se refere ao desenvolvimento de habitações de baixo rendimento e de habitação média. Os dados obtidos no terreno confirmam que as condições de habitação dos clientes mais activos têm vindo a melhorar gradualmente

mudaram com a concessão dos empréstimos. Todos os clientes activos que não desviam os seus empréstimos e os utilizam como previsto anteriormente observaram mudanças tangíveis nas condições físicas das suas casas. A melhoria das condições de habitação dos clientes activos produziu efeitos multiplicadores, influenciando assim os seus vizinhos a aderirem ao programa.

Além disso, os resultados provaram que as IFM desempenham um papel de liderança na promoção do desenvolvimento económico dos beneficiários dos empréstimos e dos seus agregados familiares. Os resultados da investigação demonstraram que o rendimento dos clientes activos aumentou de uma forma ou de outra. Alguns construíram unidades comerciais ou residenciais para arrendamento, o que gera rendimentos para os proprietários que são beneficiários de empréstimos do microfinanciamento à habitação. Além disso, verificou-se que as instituições de microfinanciamento da habitação desempenham um papel proactivo na melhoria do bem-estar social das pessoas com rendimentos baixos e médios. Os beneficiários dos empréstimos confirmaram ter acumulado uma série de benefícios sociais que incluem a felicidade e a autoestima, a confiança e o conforto, a segurança e um melhor ambiente de vida.

Por último, o papel técnico desempenhado por estas instituições tem sido considerado fundamental para garantir o controlo da qualidade e uma gestão adequada da construção. Os serviços de apoio à habitação foram reconhecidos e aceites pelos clientes activos como uma abordagem para compreender e adquirir competências em matéria de supervisão da construção, conceção de projectos e orçamentação de custos, questões de aquisição, materiais de construção e seleção de bons *fundos.* No entanto, observou-se que os beneficiários dos empréstimos podem continuar com ou sem os serviços de apoio à habitação, especialmente a assistência técnica direta à construção no local.

8.3. Implicações políticas

8.3.1 Criar um ambiente propício ao desenvolvimento de habitações de baixo rendimento

Um ambiente propício refere-se à inculcação de competências e educação para permitir que os indivíduos e as comunidades compreendam as suas circunstâncias de forma responsável, permitindo-lhes tomar medidas ecologicamente aceitáveis e efetuar mudanças sociais progressivas. A autoestima e a confiança mútua são resultados da capacitação. O Governo concebeu a Política Nacional de Desenvolvimento de Assentamentos Humanos de 2000 com o objetivo de abordar a questão da habitação e dos assentamentos humanos, criando um ambiente propício para que todos tenham acesso a um abrigo adequado ou a uma melhor habitação. A política foi concebida para defender, *entre outros aspectos*, a melhoria dos aglomerados não planeados, o financiamento da habitação, a disponibilização de infra-estruturas e serviços e a melhoria da habitação. Está igualmente determinada a aliviar a pobreza através da criação de empregos mediante a geração de rendimentos. No entanto, desde a conceção da política, não foram envidados esforços significativos para permitir que os pobres tenham acesso a uma melhor habitação. A política ficou cada vez mais aquém de resolver os problemas do sector da habitação e, em especial, da habitação para os pobres ou para as pessoas com baixos rendimentos. Dado que a escassez de habitação está a tornar-se cada vez mais aguda, chegou o momento de as partes interessadas darem as mãos para garantir que a política passe do papel à ação.

8.3.2 Reforçar as capacidades dos actores do desenvolvimento da habitação

O objetivo geral do projeto da nova Política de Habitação de 2007 é proporcionar um quadro que oriente a provisão de habitação adequada a preços acessíveis e um ambiente de vida saudável a um custo acessível para todos os tanzanianos. Também visa conter o crescimento de novas áreas não planeadas e a modernização dos assentamentos não planeados existentes e a expansão urbana, facilitando a realização progressiva do direito a uma habitação adequada e segura para todos, facilitando o acesso à habitação das pessoas com baixos rendimentos e dos grupos economicamente vulneráveis, incentivando a melhoria da qualidade do atual parque habitacional, contribuindo para a redução da pobreza, proporcionando um ambiente propício à mobilização de recursos e reforçando a capacitação dos actores envolvidos no desenvolvimento da habitação. A política visa igualmente promover as SACCOS e as sociedades de construção civil para que concedam empréstimos à habitação a pessoas com baixos rendimentos nas zonas urbanas e rurais, e promover as IMF para que concedam pequenos empréstimos à habitação e, em especial, hipotecas a grupos com rendimentos baixos e médios, tanto nas zonas rurais como urbanas. O Governo não obteve resultados tangíveis no que respeita ao reforço das capacidades dos intervenientes no desenvolvimento da habitação. Para resolver o problema da habitação para os pobres, é necessário que as partes interessadas demonstrem empenho e vontade política para reforçar as capacidades de todos os actores envolvidos. Os pobres dos pobres precisam de ser capacitados economicamente para que possam mais tarde ter acesso a oportunidades de financiamento de habitação.

8.3.3 Adaptar as práticas de construção progressivas às leis de planeamento urbano

A Lei do Planeamento Urbano de 2007 tem por objetivo o desenvolvimento ordenado e sustentável dos terrenos nas zonas urbanas, a preservação e a melhoria dos equipamentos, a concessão de autorização para urbanizar terrenos e o poder de controlo sobre a utilização dos terrenos e outras questões conexas. A lei não reconhece a construção progressiva ou incremental como uma das abordagens para o desenvolvimento da habitação. Sendo esta a prática da maioria das pessoas com baixos rendimentos nas zonas urbanas, é necessário ter em consideração a abordagem progressiva das leis e regulamentos relativos ao desenvolvimento urbano.

8.3.4 Prestação de serviços de apoio à habitação

A prestação de serviços de apoio à habitação tem sido considerada crucial em todo o processo de habitação. Garantem o controlo da qualidade e reforçam a capacidade dos promotores de habitação de baixos rendimentos na gestão de projectos de construção e na elaboração de orçamentos. Os serviços de apoio à habitação devem ser considerados como uma questão política, de modo a poderem ser prestados por todos os actores das instituições de microfinanciamento da habitação.

8.3.5 Aplicação das TIC nas instituições de microfinanciamento da habitação

Reconheceu-se que as tecnologias da informação e da comunicação melhoram a eficiência e a eficácia das instituições de microfinanciamento no sector da habitação. Dado que se pretende alargar os serviços de microfinanciamento à habitação a um maior número de beneficiários, a utilização das TIC por todas as IFH deve ser promovida através de orientações políticas nacionais.

8.3.6 . Criação de um sistema de informação de gestão

Um sistema de informação de gestão foi considerado como um mapa das actividades levadas a cabo pelas instituições de microfinanças de habitação. Monitoriza as suas operações e fornece relatórios que reflectem a informação que a gestão considera mais importante acompanhar. Uma vez que os intervenientes no microfinanciamento da habitação confiam nos relatórios produzidos pelo sistema de informação de gestão para dar um retrato exato do que se passa na instituição, sugere-se que os profissionais do microfinanciamento da habitação passem de um sistema de informação de gestão manual para, pelo menos, um sistema de informação de gestão semi-automatizado, a fim de facilitar o bom funcionamento dos programas de habitação.

8.3.7 . Criação de departamentos de habitação nas autarquias locais

A Lei do Planeamento Urbano de 2007 confere poderes às autoridades de planeamento na secção 7, ou seja, à câmara municipal, ao conselho municipal, ao conselho da cidade e à autoridade do município para promover a propriedade individual de habitação e encorajar o sector privado a contribuir efetivamente para a provisão de habitação. Os resultados da investigação mostraram que as IFHM colaboram com as autoridades locais na prestação dos seus serviços. Exceto no Ministério do Território, dos Assentamentos Humanos e da Habitação do governo central, que criou um departamento especial para o desenvolvimento da habitação, não estão a ser feitos outros esforços nas autoridades governamentais locais para lidar com o desenvolvimento da habitação para pessoas com rendimentos baixos e médios.

8.4. Generalização

O objetivo da generalização é responder à questão de saber se os resultados e as conclusões da investigação podem ser generalizados para além de um único ou de vários estudos de caso. Também se concorda que os resultados da investigação devem ter uma qualidade geral que permita a generalização para além do estudo de caso e contribua para o conhecimento científico. Flyvbjerg (2001) citado em Sheuya (2004) observa que: "*Muitas vezes, é possível generalizar com base num único caso, e o estudo pode ser fundamental para o desenvolvimento científico através da generalização como suplemento ou alternativa a outros métodos. Mas a generalização formal é sobrevalorizada como fonte de desenvolvimento científico, enquanto o "poder do bom exemplo" é subestimado.*

Patton (1987) citado em Ka'bange (2007) observa que os cientistas sociais concordam que há elementos importantes a considerar quando se fazem generalizações. As teses incluem a forma como o caso é escolhido, o conhecimento alargado das competências práticas para a realização de trabalho científico pelo investigador e o fornecimento de detalhes e contexto suficientes para que o leitor possa julgar se os resultados se aplicam a outros casos que o leitor conhece. Outra consideração (Lerise, 1996 citado em Ka'bange, 2007) é a medida em que os pormenores são suficientes e apropriados para que os profissionais que trabalham numa situação semelhante possam relacionar a sua tomada de decisão com a descrita nos estudos de caso.

Como o protocolo de estudo de caso foi mantido e os procedimentos de investigação científica foram seguidos, as conclusões e as recomendações são feitas com a intenção de generalização. O processo de recolha de dados foi bem documentado e a documentação adequada das fontes de dados, documentos analisados, pessoas consultadas e entrevistadas também foi feita com o objetivo de permitir uma maior avaliação e comparação com casos semelhantes. Em geral, o autor conclui que os resultados são válidos para outras IFM semelhantes em Dar es Salaam, noutras partes da Tanzânia e noutros países em desenvolvimento com caraterísticas socioeconómicas e económicas semelhantes. As recomendações podem ser aplicadas a outras instituições afins no país e noutros países em desenvolvimento.

8.5. Recomendações

8.5.1 Rede de instituições de microfinanciamento da habitação

Existem várias ONG, OCB, organizações religiosas e IMF, incluindo SACCOS, que concedem pequenos empréstimos para pequenas empresas e construção de habitações a pessoas com baixos rendimentos nas mesmas cidades, país ou região. Além disso, existem instituições académicas que dão formação sobre questões relacionadas com a habitação e o microfinanciamento. Os actores envolvidos na HMF têm de estabelecer relações mais estreitas a nível local, nacional e regional, a fim de identificar e desenvolver parcerias produtivas. Todas estas instituições podem formar algumas coligações para aprenderem umas com as outras e melhorarem a prestação de serviços, alargando assim as oportunidades de mercado para os grupos-alvo. Isto também poderia ajudar a evitar a concessão de vários empréstimos aos mesmos clientes e a mobilizar os recursos necessários através da coligação.

8.5.2 Uma casa deve ser considerada como um ativo de redução da pobreza

Os resultados da investigação mostraram que existe uma estreita relação entre o empréstimo desembolsado, a melhoria da habitação e a melhoria das condições de vida ou a redução da pobreza. Todos os potenciais interessados são instados a considerar a casa como um instrumento/ativo de redução da pobreza e a ver a possibilidade de combater a pobreza através da janela do desenvolvimento da habitação. Isto poderia contribuir, de uma forma ou de outra, para o cumprimento do Objetivo 7, Meta 11 dos Objectivos de Desenvolvimento do Milénio.

8.5.3 Prestação de serviços de apoio à habitação

O facto de se partir do princípio de que os pobres têm as competências necessárias para construir as suas casas está a pôr em risco a qualidade dos edifícios. A maioria das pessoas pobres não possui competências para elaborar orçamentos, o que aumenta o ónus dos custos de construção da habitação para os pobres vulneráveis com rendimentos escassos. Assim, propõe-se que os serviços de apoio à habitação sejam prestados aos clientes dos empréstimos diretamente pelas instituições de crédito ou por instituições parceiras especializadas nos serviços necessários, tais como competências de supervisão da construção, competências de desenvolvimento orçamental ou de conceção e gestão de projectos, e competências de controlo de qualidade.

8.5.4 O desenvolvimento progressivo da habitação deve ser considerado no planeamento urbano

Nos bairros planeados, os promotores imobiliários dispõem de um prazo para a construção dos seus edifícios. Este prazo é viável para as pessoas que dispõem de recursos suficientes para o fazer nesse período de tempo. As pessoas com baixos rendimentos, que constroem as suas casas por fases, mediante a disponibilidade de financiamento, são automaticamente excluídas da construção em bairros planeados. Assim, sugere-se que a habitação progressiva ou a construção gradual seja reconhecida pelas leis e regulamentos de planeamento urbano.

8.5.5 Capacitar as pessoas economicamente inactivas

As conclusões mostraram que as IFHM concedem praticamente empréstimos a pessoas economicamente activas pobres ou com baixos rendimentos, mas excluem os pobres dos pobres (o segmento mais pobre), que também precisam e têm direito a uma habitação condigna. A prática provou que os mais pobres dos pobres ou as pessoas com rendimentos mais baixos não têm capacidade para assegurar ou reembolsar os empréstimos à habitação. A fim de atingir todos os grupos-alvo, devem ser envidados esforços para capacitar o grupo de menores rendimentos através de formação e de empréstimos comerciais, com o objetivo de conceder empréstimos para o desenvolvimento da habitação numa fase posterior.

8.5.6 Utilização das TIC nas actividades de microfinanciamento da habitação

Reconheceu-se que as TIC melhoram a eficiência e a eficácia das instituições de microfinanciamento no sector da habitação. O sistema de informação de gestão monitoriza as operações das instituições e fornece relatórios que reflectem a informação que as agências de financiamento, a equipa de gestão e outras partes interessadas consideram mais importante acompanhar. Recomenda-se que os profissionais do microfinanciamento no sector da habitação passem de um sistema de informação de gestão manual para um sistema de informação de gestão pelo menos semi-automatizado, a fim de facilitar o bom funcionamento dos programas de habitação e, consequentemente, alcançar mais clientes e a sustentabilidade.

8.5.7 IFHM utilizadas como intermediárias

Tendo em conta o papel potencial desempenhado pelos vários profissionais do microfinanciamento da habitação, ou seja, as ONG, os SACCOS e outros, recomenda-se que as instituições de microfinanciamento da habitação possam ser utilizadas como intermediárias entre as grandes instituições financeiras formais e as pessoas com baixos rendimentos, a fim de facilitar o seu acesso ao crédito à habitação, atenuando assim a pobreza habitacional.

8.5.8 Defender os direitos à habitação como outros direitos humanos

A habitação é esquecida como um direito humano. São feitos muitos esforços para defender o equilíbrio entre os sexos, a liberdade de expressão e outros direitos, exceto o direito à habitação. Desde a declaração do direito à habitação como um direito humano em 1948, pouco foi feito. Uma habitação adequada é essencial para a sobrevivência humana com dignidade. Sem o direito à habitação, muitos outros direitos humanos básicos ficam comprometidos, incluindo o direito à vida familiar e à privacidade, o direito à liberdade de circulação, o direito de reunião e associação, o direito à saúde e o direito ao desenvolvimento. Para que todos tenham direito a um nível de vida adequado, incluindo a habitação, chegou a altura de este direito ser colocado firmemente no topo da agenda das políticas públicas e do desenvolvimento e ser defendido por todas as partes interessadas como uma questão que exige uma resposta imediata.

8.5.9 As ideias inovadoras sobre o financiamento da habitação para os pobres devem ser orientadas para a ação

Apesar da melhoria do ambiente de negócios, das boas políticas governamentais e do quadro regulamentar financeiro que deram origem a uma série de instituições que lidam com o desenvolvimento da habitação para pessoas de baixos rendimentos no país, em comparação com os planos no papel, poucas acções foram executadas até agora para melhorar as condições de habitação das pessoas de baixos rendimentos. Por isso, sugere-se que os planos de desenvolvimento da habitação não devem ficar nos papéis dos gabinetes, mas devem ser vistos através de acções ou resultados no terreno. Além disso, os políticos e os activistas do desenvolvimento devem incluir as questões da habitação nos seus manifestos e programas, respetivamente.

8.5.10 Criação de um centro de investigação sobre microfinanciamento da habitação

O microfinanciamento da habitação está a emergir como uma ferramenta importante na luta para ajudar a aliviar as necessidades de habitação das pessoas pobres em todo o mundo. As instituições de microfinanciamento de habitação mais bem sucedidas aplicam as principais lições da revolução do microfinanciamento ao domínio do financiamento do habitat. O aproveitamento dos ensinamentos das melhores práticas de instituições experientes e a sua divulgação junto de outros potenciais interessados poderia ajudar a difundir o conhecimento, facilitando assim a redução da pobreza no sector da habitação. Assim, a criação de um centro de recursos para o microfinanciamento da habitação poderia desempenhar um papel facilitador nesta matéria. O centro pode ser uma coleção de melhores práticas e um laboratório para o desenvolvimento de estratégias viáveis para a redução da pobreza habitacional, cumprindo assim o Objetivo de Desenvolvimento do Milénio, meta 11.

8.5.11 Forjar uma parceria pública e privada

O governo adoptou uma abordagem favorável e continua a ser o decisor político, enquanto o sector privado desempenha um papel de liderança no desenvolvimento nacional com recursos suficientes e com conhecimentos técnicos e competências para lidar com questões de desenvolvimento urbano. Esta parceria público-privada inclui o governo, os bancos, as grandes instituições financeiras, as organizações internacionais, as IMF, as ONG, as OBC, os fabricantes de materiais de construção, a formação académica e as empresas de construção. Por conseguinte, recomenda-se a criação de parcerias públicas e privadas para expandir e levar os serviços de financiamento à habitação a mais pessoas pobres em todas as autoridades de planeamento do país.

8.6. Áreas de investigação futura

O estudo identificou as seguintes áreas a considerar para uma futura agenda de investigação destinada a resolver questões de financiamento da habitação para pessoas com baixos rendimentos:

i) Que factores impedem que mais instituições de microfinanciamento entrem no negócio do microfinanciamento da habitação?

ii) Que estratégias viáveis podem ser desenvolvidas para alargar as oportunidades de microfinanciamento da habitação a mais clientes?

iii) Como é que o sistema de informação de gestão pode ser adotado e implementado pelas IFM para que possam ser mais eficientes e eficazes?

iv) Como e quando podem as IFM prestar serviços de apoio à habitação, tendo em conta a acessibilidade e a capacidade de reembolso dos mutuários?

v) Que papel podem os governos centrais desempenhar para capacitar as IFM?

vi) Como é que os riscos no microfinanciamento da habitação podem ser bem geridos?

REFERÊNCIAS

ACCION (2003): Construindo as casas dos pobres - um tijolo de cada vez: Housing Improvement Lending at Mibanco, www.accion.org/insight citado em julho de 2009.

Adam, J e Kamuzora, F. (2008): Métodos de Investigação e Estudos Sociais. Projeto do Livro do Mzumbe, Universidade do Mzumbe.

Ahmad, A. (sem data): Management Information systems (MIS) for Microfinance. The First Microfinance bank Limited.

Bacho, F.Z.L. (2001): Infrastructure Delivery under Poverty: Potable water Provision through Collective Action in Ghana, Spring Research Series No. 34, Spring Center, Dortmund.

Barton, S. (2004): ACCION Portacredit: Increasing Microfinance Efficiency with Technology, Insight, Número 9, maio. www.accion.org/insight.

Brusky, B. (2004): Housing Microfinance, CGAP Donor Brief No. 20, agosto, http://www.cgap.org/gm/document-1.9.2395/Donorbrief 20.pdf citado em julho de 2009.

Chijoriga, M.M. (2000): *The Performance and Sustainability of Microfinance Institutions in Tanzania. Journal fur Entwicklungpolitik,* XVI/3, pp 275-301.

Aliança das Cidades (2007): "Cities Without Slums": Série *"Shelter Finance for the Poor*

www.citiesalliance.org, citado em junho de 2009

Finmark Trust, Rooftops Canada, e Habitat for Humanity (2010): Growing Sustainable Housing Microfinance: Turning loans into Homes: The Role of Housing Support Services in the Housing Micro Lending Process, *Relatório do Workshop sobre microfinanciamento da habitação co-patrocinado pelo Finmark Trust, Rooftops Canada e Habitat for Humanity, 12-15 de abril de 2010 em Nairobi, Quénia.*

Ferguson, B. e Haider, E. (2000): *Mainstreaming Microfinance of Housing.* Banco Interamericano de Desenvolvimento.

Germain, F. A. (2008): Viabilidade das Instituições de Microfinanças de Habitação para os Pobres Urbanos na Tanzânia: O Caso da WAT-SACOOS. Dissertação de licenciatura (URP) não publicada, Universidade de Ardhi.

Houston, A. (2010): Housing Support services in Eastern and Southern Africa-Status and Challenges. Um documento apresentado no workshop internacional sobre Microfinanciamento de Habitação Sustentável na África Subsariana. Nairobi, abril.

Ka'bange, A.Y. (2007): Building Sense of Ownership in Municipal Service Provision: O caso do abastecimento de água da comunidade de Tabata em Dar es Salaam. Dissertação de Mestrado (URPM) não publicada, Universidade de Dar es Salaam.

Kihato, M. (2009): Scoping the Demand for Housing Microfinance in Africa: Status, opportunities and challenges. SBC Consulting.

Kironde, J.ML. (2007): *Insights into Microfinance Institutions in Tanzania. The Journal of Building and Land Development,* Vol. 14, No. 1, 2007, pp 77-93, Universidade de Ardhi.

Kothari, C.M. (2004): *Metodologia de investigação. Métodos e Técnicas*. New Age International (P) Limited, Publishers. New Delhi.

Kothari, C.M. (1994): *Metodologia de Investigação. Métodos e Técnicas*. New Age International (P) Limited, Publishers. New Delhi.

Kumar, A., Praseeda, S., e Newport, J. (2007): Operational Guidelines for Sustainable Housing Microfinance, Development Associate, Tamil, Nadu, India.

Kuysa, (2007): Relatório Anual do Fundo Kuyasa. www.capagateway.gov.za/Kuyasa citado em maio de 2009.

Kyessi, A.G e Germain, F. (2009): Access to Housing Finance by the Urban Poor: The Case of WAT-SACCOS in Dar es Salaam, Tanzania. Documento apresentado na Conferência da 9th African Real Estate Society e da International Real Estate Society, Lagos Oriental Hotel, Nigéria, de 20 a 22 de outubro.

Kyessi, A. (2002): *Participação da Comunidade na Provisão de Infra-estruturas Urbanas. Servicing Informal Settlements in Dar es Salaam.* Spring Research Series No 33, Dortmund.

Latifee, H.I (2008): Financial Inclusion: The Experience of Grameen bank. Um documento apresentado na Conferência sobre "Aprofundamento das Reformas do Setor Financeiro e Cooperação Regional no Sul da Ásia", realizada no Gulmohar Hall, India Habitat Centre, Lodi Road, Nova Deli-110003, Índia, de 06 a 07 de novembro.

Ledgerwood, J. (1998): Manual de Microfinanças: An institutional and Financial perspective. Banco Mundial, Washington.

Lugalla, J. (1995): *Crisis, Urbanization, and Urban Poverty in Tanzania: A Study of Urban Poverty and Survival Politics.* University Press of America.

Lupala, A. (2002): Peri-Urban Land Management for Rapid Urbanization: O caso de Dar Es Salaam. Dissertação de Doutoramento, Centro da primavera, Dortmund.

Lupala, J.M. (2002): *Urban Types in Rapidly Urbanizing Cities. Analysis of formal and Informal Settlements in Dar es Salaam, Tanzania.* Tese de Doutoramento, Instituto Real de Tecnologia.

Malthora, M. (2003): Financing her home, one wall at a time, *Environment & Urbanisation,* Vol.15, No.2, pp.217-228.

Mitlin, (2007): Editorial: Finance for low-income housing and community development, *Environment & Urbanisation,* Vol.19, No.2, pp. 331-336.

Mills, S. (2007): "The Kuyasa Fund: Housing Microcredit in South Africa", *Environment & Urbanization* Vol 19, No 2, October, pages 465.

Mwasha, J.D (2004): Critérios de Concessão de Crédito Comercial a Pequenas e Médias Empresas: O caso das empresas de saúde animal na Tanzânia. Tese de MBA, Universidade de Dar es Salaam.

Nachimias, D. e Nachimias, F. (1997): *Research Method in the Social Sciences.* St. Martin, Nova Iorque.

Mwakalinga, V. (2008): Housing the Poor in The 20,000 Plots Project: Terão os pobres urbanos tido acesso a uma habitação condigna? Mestrado não publicado (UPM), Universidade de Ardhi.

Nnkya, T.J. (2007): Housing Conditions, Borrowing and Lending in Informal Settlements in Dar es Salaam. Estudos socioeconómicos de Mwananyamala Kisiwani, Buguruni Mnyamani e Makangarawe. União Africana para o Financiamento da Habitação, Aliança das Cidades e USAID.

Nguluma, H.M, (2003): Housing Themselves: *Transformations, Modernization and Spatial Qualities in Informal Settlements in Dar es Salaam.* Tese de doutoramento, Instituto Real de Tecnologia, Estocolmo.

Norman, K.D. e Yvonna, S.L. (eds), (1994): *Handbook of Qualitative Research.* SAGE Publications, Londres.

Patton, Q.M. (1987): *How to use Qualitative Methods in Evaluation,* Sage Publications, Londres.

Shelter Forum (2000): *The role of African NGOs in implementing the Habitat Agenda.* ICTD, Nairobi, Quénia.

Sheuya, S. (2004): *Housing Transformation and Urban Livelihood in Informal Settlements. The case of Dar es Salaam, Tanzania.* Spring Series, Dortmund.

Sheuya, S. (2007): "Reconceptualizing Housing Finance in Informal Settlements: The case of Dar es Salaam, Tanzania". *Environment & urbanization* Vol. 19, N.2, outubro, 441-455.

Serageldin, Mona e John Driscoll *et al.* (2000): *Housing Microfinance Initiatives, Regional Summary: Asia, Latina America, and Sub Sahara Africa* with *selected case studies.* Centro de Estudos de Desenvolvimento Urbano, Universidade de Harvard.

Tibaijuka, A. (2009): Building Prosperity: Economic Development of Housing, EarthScan, Londres.

Turner, J.F.C. (1976): "Housing by People: Towards autonomy in Building Environments", Pantheon Books, Nova Iorque.

Tomlinson, M.R. e Merrill, S. (2006): Housing Finance, Microfinance and Informal settlement Upgrading: An assessment of Tanzania. USAID e União Africana de Financiamento à Habitação. The Urban Institute, Washington.

Tomlinson, M.R. (2007): *A Literature Review on Housing Finance Development in Sub Sahara Africa.* FinMark Trust, África do Sul.

UN-Habitat (2002): Community-based Housing Credit Arrangements in Low income Housing: Assessment of Potentials and Impacts. A report of proceedings of the expert group meeting held at UN office, Nairobi, Kenya.

UN-Habitat (2005): Financing Urban Shelter: Global Report on Human settlements of 2005, Earthscan, Londres.

URT, (2007). Projeto de Política Nacional de Habitação, Ministério da Terra, Habitação e Desenvolvimento de Povoações. Dar es Salaam, Tanzânia.

UNFPA (2007): Relatório sobre a População Mundial de 2007. Earth Scan, Londres.

URT (2007): Lei do Planeamento Urbano, Impressoras do Governo, Dar es Salaam.

URT (2005): Diretório de Instituições de Microfinanças na Tanzânia, Banco da Tanzânia, Dar es Salaam.

URT (2008): Política Nacional de Habitação, Projeto Final, Dar es Salaam.

URT (2000): Política Nacional de Desenvolvimento de Assentamentos Humanos. Government Printers, Dar es Salaam.

Vuyisani, M. (2001): *Antevisão dos Sistemas de Financiamento à Habitação em quatro países diferentes: África do Sul, Nigéria, Gana e Tanzânia.*

Yin, R. (2004): *Case Study Research, design and Methods*, 3rd ed., Sage Publications, Londres,

Yin, R. (1994): *Case Study Research, design and Methods*, 3rd ed., Sage Publications, Londres

FONTES INTERNET www.capegateway.gov.za/kuyasa microfinanciamento e mercado imobiliário

www.sewahousing.org/formation.htm

www.capagateway.gov.za/kuyasa

APÊNDICES

APÊNDICE 2

GUIA OFICIAL DE ENTREVISTA

A. Funções institucionais:/profile

1. O que me pode dizer sobre a sua instituição/organização?

(data de criação, visão, missão, estratégias).

2. Qual foi o motivo (razão de ser) da criação desta organização?

3. Que tipos de produtos/serviços oferece a sua organização?

4. Em caso afirmativo, que tipos de produtos de crédito à habitação oferece a sua organização (melhoria da habitação, instalação de infra-estruturas/serviços, construção de habitação, aquisição de terrenos/lotes)?

5. Onde é que, geograficamente, os produtos de habitação oferecidos pela sua organização podem ser localizados na cidade de Dar es Salaam? (Tipos e quantidade por zona geográfica)

6. Que quadros jurídicos orientam a execução das suas actividades?

7. Como é que interage com o Governo e outras instituições semelhantes para chegar à sua população-alvo?

8. Gestão HMF:

8. Pode dizer-me como mobiliza recursos para todo o seu programa de actividades de projeto (incluindo produtos de habitação)?

9. Qual é a vossa carteira de empréstimos à habitação? Qual é o montante afetado ao crédito à habitação (percentagem do bolo total)?

10. Pode dizer-nos como está a gerir a sua carteira de habitação/empréstimo para evitar riscos?

11. Quais são os vossos grupos-alvo? Pode indicar os critérios e o processo de seleção dos candidatos a empréstimos?

12. Quais são os vossos termos e condições/exigências de empréstimo para aceder ao crédito à habitação?

13. Como é que define o seu grupo-alvo? Quem são os beneficiários dos vossos produtos de habitação?

14. Como é que determina o montante a emprestar para a melhoria/construção de habitações?

15. Quais são os procedimentos a seguir para aceder a um crédito à habitação?

16. Quais são as modalidades/mecanismos de reembolso?

17. Quantos empréstimos desembolsou até à data (elaborar de acordo com os tipos de empréstimos à habitação de acordo com a pergunta n.º 7 supra)?

C. Apoio técnico:

18. Como é que os membros da comunidade (os seus beneficiários) tomam conhecimento dos seus serviços/produtos?

19. Como intervém no processo de melhoria/construção de habitações ou de aquisição de terrenos para os seus clientes? (presta alguma assistência técnica?)

20. Como é que se reforça a capacidade dos mutuários?

21. Há alguma vantagem em prestar assistência técnica aos seus mutuários?

22. Quantas casas foram melhoradas/construídas até à data? Qual a sua localização geográfica?

D. TIC e sistema de informação de gestão

23. Quantos beneficiários de empréstimos servem no total?

24. Como é que guardam a base de dados (perfis/particulares) dos vossos clientes? (Idade, género e composição familiar)

25. Quais são os constrangimentos e desafios com que se depara neste programa de crédito à habitação?

26. Quais são as suas sugestões para melhorar o programa?

Obrigado pelo vosso precioso tempo a responder às minhas perguntas. Que Deus Todo-Poderoso vos abençoe.

Questionários aos agregados familiares (DODOSO LA KAYA)

Namba ya saımpuli:...

Mhoji:...

Mhojiwa::... Jinsia: ...Tarehe ya mahojiano:...........................

Manispaa/Kata: .... Mtaa: ....

Namba ya nyumba: ....

A: TAARIFA ZA MTEJA WA *MAKAZI BORA*

Umri:......... Umeoa/Umeolewa:...........Idadi ya wanakaya:.......................

Idadi ya vyumba (vyakulala):........Idadiya vyumba vya wapagaji:...............................

Elimu: Msingi ( ) Sekondari ( ) Chuo ( ) Nyingineyo taja:...

Ajira: Serikalini ( ) Sekta binafsi ( ) sekta isiyo rasmi au biashara ndogondogo ( )

Kipato cha kaya kwa mwezi:...............Jumla ya matumizi kwa siku:............................

Jumla ya matumizi ya kaya kwa mwezi:..

B: UBORESHAJI NYUMBA

1. Umehamia kwenye uwanja huu toka lini? : (mwaka)...

2. Ulipataje kiwanja hiki? Je, kwa kununua ( ), kwa kurithi ( ), kumilikishwa kimila () au kwa njia nyingine, taja:

3. Elezea ukuaji/mabadiliko ya nyumba yako hatua kwa hatua. Nyumba hii imejengwa mwaka gani? ....A sua equipa de trabalho é composta por um grupo ....de pessoas que trabalham na área da saúde..

C. USIMAMIZI WA MIKOPO NA MAREJESHO

4. Ulipataje taarifa kuhusu *Makazi Bora?*

i) Kwa njia ya kampeni za promosheni ( )

ii) Kupitia rafiki/ndugu/jamaa au jirani ( )

iii) kipeperushi ( )

iv) Njia nyingine, taja :...

5. O que *é* que se *passa?* Não há nada a fazer:

6. Ulichukuwa mkopo wa kiasi gani kwa mara ya kwanza?Kwa matumizi gani (ununuzi wa uwanja, ujenzi au ukarabati)?

7. Gharama kamili ya kuboresha/jenga nyumba yako ilifikia kiasi cha shilingi ngapi? :

8. Je, una nia ya kuchukua mkopo kwa mara ya Pili? Ndio ( ) au hapana( ) kwa nini?

9. Umepata faida gani baada ya kuboresha nyumba au kuunganisha maji/umeme?

10. Unatumiaje teknolojia ya habari na mawasiliano (simu) katika mchakato mzima wa kuomba mkopo na marejesho yake?

11. Ilikuchukwa muda gani mpaka kupata mkopo wa kwanza?

12. Ni changamoto/matatizo gani ulikumbana nayo wakati wa kuomba/kuchukuwa mkopo kutoka *Makazi Bora? WAT-SACCOS?*

13. Ulikabilianaje na changamoto hizo?

14. Unamaoni gani kuhusu gharama ulizoingia wakati wakuchukuwa mkopo kutoka Makazi Bora?

15. Ni vyanzo gani vikuu vya mapato unavyo vitegemea kwa marejesho ya mkopo wako?

16. Ulipataje msaada wa kiufundi/kitaalamu wakati wa kuboresha/jenga nyumba yako au kuunganisha maji/umeme?

. Msaada huo ulikuwa wakutosha? Ndiyo ( ) au Hapana ( )? Kama hapana, ni msaada gani wa kiufundi/kitaalamu amabao ungehitaji zaidi?:

17. Unapendekeza nini ili kuboresha zaidi mikopo ya kutoka *Makazi Bora/WAT- SACCOS*

Printed by Books on Demand GmbH, Norderstedt / Germany